This book is dedicated to

“The Ancestors”

謹以此書獻給「始祖」。

星際傳訊
STU11004

失落的地球真相

全息時間旅行隱藏的歷史

Forgotten Genesis

1

拉杜·錫納馬爾 Radu Cinamar ◎著
彼德·沐恩 Peter Moon ◎編
珊朵拉◎譯

這是一本攸關人類重要變革的超時空解碼！
內容涵蓋人類深層的基因技術及高維度文明的宇宙任務，
其驚人的歷史內幕！至今沒有任何一本書曾經暴露過！

目次

推薦序一：呂應鐘 009
推薦序二：周健 011
推薦序三：周介偉 017
推薦序四：劉原超 019
推薦序五：譚瑞琪 021
編者序：彼德．沐恩 023
作者手記 037
第一章 可以跨維度的先進高科技：俯瞰地球的橫切面 039
我拿到一個特殊的「異次元頭盔」，這是一個驚人的跨維度科技！它和全息影像之間有所連結。我從地球的橫切面目睹從物質維度移動至乙太維度，甚至從地球的「內部」移動成為可能。這樣的乙太連結並不局限於地球，它們是跨維度的。我就像在看一部紀錄片，而我是那個「紀錄片」的一部分。我不僅能看到螢幕上簡單的投影影像，而且連感官功能也加了進來，好像我真的在那些事件和影像中。我同時覺得自己既在倉庫的那個房間裡，也在全息影像中。
◆啟程了！這次探險的總體行動計畫 041
◆能夠使個人的意識跨越遙遠的距離，看到宇宙元素的神奇「座椅」 043
◆操作特殊「座椅」的謎團 046

地平說運動的追隨者無法從物理平面（三維）跳到乙太平面（四維）。當我們談論時空連續體的時候，你真的有一種感覺，事物是水平的，是一個「連續體」，然而，這只是為了便於我們理解，因為事物實際上並不是以這種方式存在的。我們從三維移動到四維，考慮到「時間」和「空間」是統一的，即三維加上一維。「地平」的概念更多的是二維現實或介於二維和三維之間的東西，那些以如此堅定的信念表達和相信它的人也生活在三維物理現實中，三維實際上不是三個空間維度，而是只有兩個空間維度，這是一個重大的倒退。這就是為什麼我們不能把更高層面的情況應用到這個世界上。

很明顯，那座房子包含了實際的扭曲，也就是空間傳送門，那是與多維空間相互作用產生的扭曲。而兩個房間之間的門實際上是兩個世界之間的一個不連續點。當他們破門而入時，德國特工闖入「另一邊」，與已經進入房間但從對面門進入的美國團隊會面。對美國人來說，那扇門在底特律；對德國人來說，他們打破的那扇門是在巴伐利亞中部的一個都市。

更高維度的文明健康與靈性密不可分。在地球上，這兩者總是被分開對待。人類的精神轉變，即提高意識的振動頻率，直接關係到身體的健康。你不能有一個而沒有另一個，因為它們是不可分割的。人類的進化和發展除其他因素外，還受到恆星、行星結構和太陽系的諸多影響。每個恆星、行星、衛星或其他天體，例如彗星，或多或少地作用於生物系統的發展，這種現象一直在發生。

像螢幕上的亞當這樣一個完美的存在。因為我和全息螢幕之間的特殊互動——通過跨維度頭盔反映阿佩洛斯先進科技——我能夠非常清晰地感受到第一個人類的非凡特徵，他的遺產在此後很長一段時間裡一直保留著，成為所謂「現代」人的基礎。

第七章　人類所不知道的基因組改造：E—N—L生物的進化跳躍及E—N—K的最高分支

亞當出現後，由於出現的生物是雙性同體，非常和諧，精神上也在進化，這導致了在監測人類進化過程的外星文明高度先進科技的幫助下，自然發展和基因工程相結合。在這些生物中，亞當是第一個在DNA結構中組裝最合適的組合，幾乎完全平衡，這是一個雌雄同體的特徵。

推薦序一

呂應鐘
世界華人星際文明研究總會副理事長
前南華大學宗教學研究所副教授

當我看到這本書的序言時，立即喊出「哇塞！奇書」，令我極度興奮。回想自己在民國64年看到英文版UFO與外星人書籍時，當時也喊出「哇塞！奇書」，從此每年都翻譯出版飛碟與史前文明奧秘書籍，當時也將UFO譯為幽浮，打開了台灣書市對外星人好奇的風潮。日後我在演講時也經常說「當時台灣民智未開，大家都不相信有飛碟外星人，我也被當時一些理工教授罵過是科學野狐禪、偽科學。但是我相信時間會證明我是對的」。到了現在，四十多年過去了，早已沒有人再否認飛碟外星人的真實了。

二〇二一年的現在，這本書的主題又讓我喊出「哇塞，奇書」，不僅談及外星人，還涉及更多的地球秘史，甚至談到五萬年前就已存在的全息技術、DNA的三維全息圖、三條通往地球內部的隧道等等，以及書中極為龐大的信息與驚人的科技，這些全是當今科學、考古學、生物學等無法理解的描述。就如同我在四十多年前譯介飛碟外星人主題一樣，根本沒有學界相信，但我要說「時間會證明這是對的」。

上個月在思考新冠疫情問題時，想到地球上在沒有人類以前，恐龍時代，任何時代，細菌病毒早就存在地球上，根本與人類的存在無關。而自己也曾於民國67年在《宇宙科學》雜誌上發表過「為何要相信進化論？」，就提出進化論的錯誤。想到現在的生物學、考古學、神話學、人類學、地球科學等教科書一定會被推翻改寫。

相隔一個月就看到這本奇書，我認為這不是巧合，而是「有意義的存在」，是要告訴華文世界的人們，過去四十多年對飛碟外星人的好奇過後，從二〇二一年起由這本書所談的主題，開始會有更為神奇的思維呈現給大家，誠如後記所言「人類的進化狀態相當於一個年輕的青少年，還有很長的路要走，而這些書中提供的內容是人類進化過程的一部分。」

是的，讓人類的思維更加開擴，更了解地球、了解宇宙！

推薦序二

周健副教授
中國文化大學史學系副教授

題辭："Nature does nothing without purpose or uselessly."
～亞理斯多德（Aristotle, 384-322B.C.E.）～

以色列睿智的所羅門王（King Solomon）曾言：「日光之下並無新事。」（《舊約全書》：傳道書：一：9），此言只有部分正確，查考人類的歷史，前所未見的新鮮事層出不窮，二〇〇一年震驚世界的911事件即為一例。

古文明的神秘指數極高，相關的出版品常成為暢銷書，但學院派跟非學院派的論戰，猶如燎原的野火，沒完沒了。真理亙古長存，但有些主題確實需要理性的論辯。

持歷史進化論者，往往是今非古，而持歷史退化論者，則會是古非今。重建已消失的歷史殊非易事，好像瞎子摸象的拼圖遊戲，總是流失者多，被撈起者少。主觀的史書與客觀的史實，並非完全重疊。從時代的橫剖面切入，重建時代的縱向軸，只能謙卑地說，可能接近真相，而非發現真相。

從歷史相對主義（relativism）的視角觀之，每個時代皆各有其特色，絕對主義（absolutism）設定的標準，隨時面臨嚴峻的挑戰。出家人有出家人的固執，蛋頭學者亦有其冥頑不靈的偏見。

本書言及解密的陳年如煙往事，但潛伏的作用一直宰制現今的世局。每個人皆是數十萬年歷史的縮影。一沙一世界，一花一天堂。巨觀與微觀互補，才能看清生命的實相。文化持續層創進化永不止息，但在某些領域，堪稱今不如昔。「哲人日已遠，典型在夙昔」（文天祥〈正氣歌〉）。天才型的歷史人物，常成千古絕唱。某些時代，天縱英才，車載斗量，而某些時代，智障、腦殘、白癡，隨侍左右。視前世累積的業力，投胎至不同的時空，有無福報，由不得自己，因咱們無法選擇父母，勿忘「來是偶然，走是必然」。

人類渾渾噩噩數百萬年，從洪荒世紀到文明的躍昇，可能有地外文明的介入，甚至進行基因改造，其情節好像推理小說，引人入勝，有致命的吸引力。

面對歷史，無限渺小，展讀歷史，使人謙卑。人們打拼一輩子，無論有多少頭銜，經漫長的時間無情的篩選，所能遺留的痕跡畢竟有限。專業知識與知名度的折舊率甚速。亙古以降，全球成千上萬名統治者的姓名和「豐功偉績」，閣下知道多少？

亞特蘭提斯大陸是研究古文明領域的當紅炸子雞，可單獨成立亞特蘭提斯學。據悉，在本世紀將重現江湖，以拯救身處第六次大滅絕的人類。二〇一九年，已有通靈者洩漏天機，宣稱二〇二〇年是大自然跟人類「清算」的一年，卻無任何訊息指向是病毒，大概圓顱方趾的人類並非上帝，不可能全知、全能和無所不在。

青藏高原被稱為是世界的第三極，始終披著神秘的面紗。藏傳（語）佛教認為，香巴拉位於西藏西部岡底斯山脈主峰附近，為梵語「極樂世界」的音譯。居民無病痛、無死亡、無戰爭，乃世外桃源般的人間天堂。

在遠古時代所有的建築物之中，金字塔迷惑世人數千年，其建築動機及施工過程，因無史料和藍圖，均成不解之謎，已獨立成金字塔學（pyramidology），可做終身研究，至今仍無最後的結論。

特洛伊的故事原被當作神話，經考古學家鍥而不捨地挖掘，證明是並非空穴來風的真實歷史。勿忘「神話是未實現的科學，科學是已實現的神話」。

中美洲的馬雅人，是美洲印第安文明中，唯一發明文字者，可惜毀於歐洲「白皮膚神」之手，傳教士的無知及強烈的排他性，視彼等的高度文明為異端，不擇一切手段予以毀屍滅跡，帶來無法彌補的文化浩劫。

假說需經千錘百鍊才會成為真理，審判耶穌的羅馬總督彼拉多（Pontius Pilate），曾詢問耶穌「真理是甚麼呢？」（《新約全書》：約翰福音：十八：38）堪稱「大哉問」。

世界的盡頭（ultima Thule）在何處？歷代的各個民族皆有不同的解讀。浮士德（Faust）在晚年體驗走到知識盡頭的悲哀，權力與財富無法征服死亡，統治者最畏懼死亡，因「人死如燈滅」，故戮力尋找長生不老（死）之藥，到頭來都是一場空。

「上一次文明」所遺留的文物及遺跡，顛覆傳統的史觀。運動員的成績一直在破紀錄，人類的體能有無極限？歐洲啟蒙運動（Enlightenment）時期的思想家，提倡進步史觀（progressive historical view），今日觀之，實過於樂觀。如「人定勝天」俗諺，只彰顯人類的自大，登山者亦不宜再用「攻頂成功」字眼。大自然深不可測，隨時會無情地教訓人類。

莘莘學子一窩蜂搶讀醫科、商科和理工科，心中充滿功利主義（utilitarianism）的動機，對人文藝術嗤之以鼻，視文學、史學、哲學、美學毫無用處，質疑三十六計、法國大革命、第二次世界大戰有何研究價值？殊不知世界的現狀，乃數千年以降，無數的歷史事件所累積。如台灣的政治情勢，乃國共內戰的延續，必須要從歷史的脈絡中尋找未來最佳的出路。

朝九晚五的刻板生活令人厭倦，因重複又重複，不論從事何種行業，心靈必須要成長。暫時超越小我的狹窄格局，提昇至大宇宙的浩瀚領域，脫離日常生活的瑣事，神魂超拔（ecstasy）至高層次的境界，堪稱無比的享受。

終極關懷（ultimate concern）在每個人心中的價值標準迥異，而價值觀（values）的鑄造，多來自生活體驗的淬煉。青少年的活力，中年的經驗，老年的智慧，似乎成為鐵律。人至中年才能深切體會人文素養的重要。

宇宙觀、國際觀（世界觀）、人生觀、人死觀，不時在腦海中浮現，隨馬齒徒增，而作適度的調整。疇昔被封鎖的資訊逐步解密，面臨最嚴酷考驗者，並非政治、軍事與種族，而是宗教信仰。接觸被禁忌的知識，需要厚實的心理準備，因數十載積澱的思想體系，隨時會面臨崩潰的危險。

人需要教訓才會成長，居高位者藐視或遺忘歷史的教訓（Lessons of History），故歷史經常重演，賢君→仁君→昏君→暴君，循環不已，從文明的盛衰興亡中，擷取永續生存之道，將無數的小我建構成大我。歷史不應只被當作是用來考試的工具學科，理解的核心還是記憶，歷史乃蘊藏大智慧的內容學科。

閣下能想像千百年之後的大都會，是否會變成死寂的廢墟。而未來宰制地球的新生物，針對人類是否存在過的問題，或許會爭得面紅耳赤。「已過的世代無人記念，將來的世代，後來的人也不記念。」（《舊約全書》：傳道書：一：11）

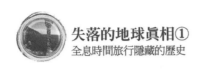

推薦序三

周介偉
光中心創辦人

又一個很棒的外星訊息系列，詳實而值得參考的資訊，很期待看到其全系列的引進。

我個人尤其欣賞書中以下幾點獨特的資料描述：現代人類起源和基因來源的脈絡、地球的經絡和乙太層之進出、亞特蘭提斯之所在和興衰、看不到找不著香巴拉的原因、金字塔不為現代人所知的奧妙用途⋯推薦給對人類起源、古文明奧秘和外星訊息有興趣的同好及研究者們，一同來研讀此精彩的訊息！

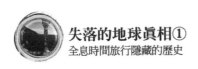

推薦序四

劉原超
美國密西西北大學博士（一九八九）
曾任桃園美國學校校長及大學教授

「失落的地球真相」一書的出版，真的要讓許多科學家跌破眼鏡。原來人類居住的「地面」文明並不是獨立發展的活動；事實上「地面」文明在不同時期的關鍵時刻，總是受到「地內」文明的導引。地面與地內文明間的連繫從未中斷過。實質上的隧道入口，只記載在遠故的傳說或西藏古老宗教的羊皮紙卷（五種藏人啟蒙技巧）中。無論是中國的山海經記載的地內入口、西藏的布達拉宮的地道、羅馬尼亞人面獅身像下方的一個秘密通道都顯示出相同的暗示。本書將揭露三條通往地內文明的通道，人類文明的發展不只是地面、地內文明的溝通甚而與地外的連繫也不曾中止過（從南極洲雪中出現的奇異結構延伸出來一系列量子事件，起到天線的作用，它與木星衛星歐羅巴…的訊號交匯）。

這是一部精彩大作，讓人一拿起這本書就讓人欲罷不能，同時重新開啟並整理我們對於文明史及心靈發展的認知，因此，我誠心地邀請大家能一起來體驗這趟跨越時空的歷史探險之旅。

推薦序五

譚瑞琪
阿乙莎靈訊系列作者

在我自己內在宇宙探索過程，總是對高維意識傳達出來的訊息感到無比的興奮和驚嘆。人類在生物體的存續期間，真的無法以有限生命期，親炙悠久的地球歷史或是親臨聖地探索當時事件的真相。而現在地球揚升的此刻，人類意識覺醒後，確實已經可以通過探索自身內在宇宙，去還原地球原本的面貌，重現被歷史刻意掩蓋的地球真相。

這本書——失落的地球真相，書中許多訊息和我自己探索到的宇宙知識有許多不謀而合之處，比如說，當作者提及一個神秘的房間，裡面有一個裝置，主要由巨大的晶體組成，有助於將一個人的意識投射回時間。他進一步提到晶體不是一個物理時間旅行裝置，需要一定量的心靈和深奧的發展，才能把自己投射到時間中，此外，這個裝置是生物共振，因為它是調整到生理，心理和情感條件的主體，以及他們自己的過去的經驗。當我閱讀到這段描述，我直覺想到自己在阿乙莎一開始傳訊的過程就提到人類真正存在的實相，有一個重要的意識移動裝置——靈魂晶體，透過靈魂晶體可以帶領我們的意識穿越地球帷幕，契入宇宙時空，人類透過晶體結構就可以進入星際旅程。同樣是講述晶體，透過不同角度的描繪，讓我們可以得到互補和更完整的訊息全貌。

作者將地球上許多來自星際文明的訊息精彩地描述出來，不論是藏在羅馬尼亞人面獅身像下方的一個秘密裡面有五萬年前就已存在的「未來全息技術」、ＤＮＡ的三維全息圖、三條通往地球內部的隧道等等，書中龐大的信息與驚人的科技，我相信這些都是人類意識穿越帷幕之後確實可以擷取到的宇宙知識。對於我來說，目前在我連結自身星際圖書館的過程，這本書更是幫助我探索跨越地球帷幕之外，進入星際交流的重要藏寶圖。

期待透過這本書揭露的關鍵訊息，讓更多靈性意識覺醒的人們得以繼續循線探索在地球上一度輝煌燦爛的文明，以加速我們的新地球誕生。

編者序

彼德・沐恩

對於尚不了解拉杜・錫納馬爾（Radu Cinamar）的背景，以及他的前一本著作的讀者，我先做一些概要式的介紹。

冷戰期間，羅馬尼亞與中華人民共和國兩個共產國家為天然（中文譯者註：政治用語。因為都是蘇聯的盟國）的盟友。羅馬尼亞試圖在最先進及極機密、難解的諜報偵查上跟上西方，由於出於對俄羅斯的不信任，向中華人民共和國尋求協助（戰略的意義）。作為文化交流項目的一部分，中華人民共和國學生可以參加羅馬尼亞的教育項目，中共政府派遣一名超心理學家協助羅馬尼亞建立一個處理超自然現象的部門。

這些事件被稱為「K事件」，以當今的流行語言來講，就是X檔案。這個特殊部門被稱為零號部門，此最高機密只有國家元首和安全首長才知道。除了供養具有超自然現象的對象，還對他們進行了培訓。建立這一獨特部門的超心理學專家為西恩博士，他在本系列的第一本書《外西凡尼亞的日出》[1]已經介紹過。

雖然西恩博士是一個令人好奇的角色，但我們在書中找不到太多有關他的訊息。我們只知道他在另一位《外西凡尼亞》系列的鼻祖之一出生之後被召入。

這位鼻祖的名字叫塞薩爾．布萊德，他出生時臍帶很厚，醫生不得拿一把鋸子把它切斷。由於這是一個異常現象，塞薩爾從出生時就受到零號部門的監督，並從很小的時候就與西恩博士建立了密切的私人關係。塞薩爾在一系列的精神和心理訓練中接受過訓練，他接受過的一連串的超自然訓練完全超乎你的想像。

正如命運會清楚地證明那樣，西恩博士栽培塞薩爾，讓他成為人類歷史上最偉大的考古發現的管理員與守護者：在羅馬尼亞人面獅身像下方的一個秘密且難以接近的房間，裡面有五萬年前就已存在的未來全息技術。

在這個可以被稱為虛擬諾亞方舟的房間裡，遠遠超出了那些生活在聖經時代（甚至是我們這個時代）的人之思維和經驗能力。這個房間裡有一種神奇的黑科技：人們將他們的

1　你現在所讀的《失落的地球真相》是拉杜．錫納馬爾（Radu Cinamar）系列叢書中的第六本，與彼德．沐恩（Peter Moon）的《白蝙蝠》合稱為外西凡尼亞系列。先前的作品包括《外西凡尼亞的日出》、《外西凡尼亞的月光》、《埃及之謎：第一條隧道》、《秘密羊皮紙：五種藏族啟蒙技巧》，以及《在地球內部：第二條隧道》。

手放在桌子上，就會看到自己的DNA呈現在三維全息圖中。桌子上的其他設備可以讓人們看到來自其他星球的外星物種的DNA，並伴隨著恆星的渲染，這樣人們就可以看到他們真正的起源地。通過將兩隻手放在桌子的不同位置，人們還可以「混合」兩個物種的DNA，以觀察他們混種後的樣子。由於桌子本身有六英尺高，與今天的人類相比，建造它們的生物是巨大的。

這個驚人的房間還包含了一個投影大廳，在這裡可以看到地球歷史的全息投影，並且提供每個人個人化的觀看體驗。不過當中記錄的歷史只到西元前五世紀就中斷，大概是因為缺少軟體更新。投影大廳裡還包含了三條可以通往地球內部的神祕隧道，在伊拉克、蒙古、西藏與埃及吉薩金字塔也有類似的設施。

雖然塞薩爾在西恩博士的指導下，命運般地成為這些非凡考古發現的監督者，但寫下這些發現及其影響的內容並不是他的職責。隨著這些事件的揭露，塞薩爾親自挑選了拉杜．錫納馬爾來寫這些書。作為拉杜的導師，塞薩爾對他進行了一次速成教育，讓他理解這一發現背後的所有政治陰謀，同時也向他介紹了心靈現象和不可思議的世界。我們在這個系列的第一卷《外西凡尼亞的日出》就知道這個事實，但我們不知道塞薩爾挑選拉杜的確切原因。我只能告訴你塞薩爾是一個內行人，他非常清楚自己在做什麼。他的靈性敏銳度是無與倫比的，在這個例子中證明這一點。拉杜成功地完成這項工作，現在這個系列已經有五卷英文版本。

你可能會覺得這項發現是一個啟迪人類的良機，並利用這項新發現的科技所提供的一切為人類帶來福祉。大多數參與這項秘密計畫的羅馬尼亞人也這麼認為。然而，情況並非如此。

塞薩爾告訴拉杜，當五角大廈透過衛星上的探地雷達時，這個秘密的、以前不為人所知的密室才被發現。可以理解的是，美國人會利用他們掌握的所有科技來偵察地球上所有的異常現象和資源。不論對錯，這就是國防部的目的。然而，這一情報最具挑戰性的是，五角大廈的共濟會成員將這一消息提供給一名在義大利的共濟會領袖馬西尼（Signore Massini），作為隱藏在幕後的全球菁英組織集團，希望自己能夠進入和控制這個密室。馬西尼不約而同地找到了當時擔任零號部門的部長塞薩爾，尋求他的合作。塞薩爾卻不信任馬西尼，儘管如此，基於政治的因素，他被迫在一定程度上進行合作。一名義大利共濟會員的邪惡動機促成了羅馬尼亞與美國前所未有的同盟，羅馬尼亞也因此成為了北約成員。這些政治陰謀的細節在《外西凡尼亞的日出》一書中有詳細描述，並且詳實地講述了塞薩爾的生平以及他參與這些驚人文物發現的故事。

當神秘莫測的西恩博士通過嚴格的訓練和教育計畫，讓塞薩爾得以揭開這個密室時，西恩博士已逐漸被淡忘，看似也與背後的政治及邪惡的陰謀毫無關聯。無論如何，西恩博士是利益當事人，也是這些書中所揭示的資訊之確切來源，這一點在該系列的第二本書《外西凡尼亞的月光——在神之神秘國度裡秘密開始》中清晰可見。

《外西凡尼亞的月光》始於一名羅馬尼亞編輯索林．胡爾木茲（Sorin Hurmuz），他引述了多名羅馬尼亞新聞界的專家來證明這個故事的可信度。除了上述事實，你可能會感興趣的是，在Google 地球上羅馬尼亞人面獅身像附近的一個關鍵區域被塗黑了。此外，在二〇〇三年羅馬尼亞人面獅身像附近進行挖掘時，有人看到美國人集體出現。我還與羅馬尼亞各地有名望的人士進行了交談，他們認為這事件是有探討價值的。究竟發生了什麼，以及所有的細節在很大的程度上依舊成謎，但拉杜的書為我們提供了唯一的線索。除此之外，它們是了不起的故事和教材，將世俗政治、神秘學及前沿技術相結合。

拉杜在《外西凡尼亞的月光》的敘述始於一名叫艾利諾（Elinor）的神秘男子，他試圖聯絡此書的作者拉杜，但卻受到編輯索林．胡爾木茲的百般阻撓。事實上，索林從未與拉杜見過面，他們只透過快遞或預約的電話卡溝通。當艾利諾表明自己一位西藏喇嘛代表時，索林和拉杜一改先前的態度，最終正式安排了會面。這次會議充滿了形而上學啟示的全貌，它提出了一個全新的典範，通過這個典範來看待《外西凡尼亞的日出》中描述的事件。

拉杜對古老的煉金術和不朽的前景進行了令人驚歎的灌輸，拉杜會見了喇嘛，喇嘛透露自己不是別人，正是西恩博士，並說明道，在中共侵略西藏時，他曾在拉薩的皇家宮廷中以日巴桑迪（Repa Sundhi）的名義服役。為了脫罪，他最終被中共政府雇用，並採用了不同的身份，也就是西恩博士。

日巴桑迪與拉杜的這次會面有一個非常具體的議程，它與外西凡尼亞系列第四本書：《秘密羊皮紙——五種藏人啟蒙技巧》（稍後將詳細介紹）的重點內容有關。在《外西凡尼亞的月光》中，拉杜得知喇嘛想帶他去外西凡尼亞的阿普塞尼山。一旦到達那裡，一個神秘但描述良好的空間轉換發生了，從字面上看，就是把他們運輸到了另一個地方。他們（以及仍留在他們公司的艾利諾）被帶到西藏某些稀薄的高峰，而這些高峰是人類無法通過正常的交通方式所能到達的。拉杜被護送進一個山洞裡，在那裡，他遇到了外西凡尼亞系列的另一個始祖。她的名字是馬查迪（Machandi），她是一個藍色女神和怛特羅空行母，她不僅教育和啟迪拉杜，還給他一個古老的手稿。該手稿將由古代藏語翻譯而成，首先以羅馬尼亞語出版，最後被翻譯成英語，它是《秘密羊皮紙》的核心部分。

雖然《外西凡尼亞的月光》中提到了《外西凡尼亞的日出》中的人物，且同樣發生喇嘛的戲劇性事件，但是，這兩本書卻有著天壤之別，能夠從完全不同的角度對整體局面起到相得益彰的作用。

外西凡尼亞系列的第三本書《埃及之謎——第一條隧道》也不例外。拉杜被招募加入零號部門，與塞薩爾一起進入布塞吉建築群投影大廳的神秘「第一隧道」。這通向了埃及吉薩高原下的一個隱藏的密室。他們所發現的驚人秘密並不亞於前兩本書所揭露的內容。

這次任務的目的是找回條理整齊的石板狀平板電腦。這些平板電腦實際上是一種古代「DVD」，可以投射出世界歷史的全息「記憶」。這些平板電腦不需要投影器即能播放。由於數量眾多，他們只能希望將一部分平板電腦送回自己的基地，再送往美國進行詳細研究。就算他們不能在一次任務中將所有的東西找齊，因為這需要一批人員花相當多的時間來觀看。

還有一個神秘的房間，裡面有一個裝置，這裝置由巨大的晶體組成，它可以讓意識回到過去的時間，但這不是一個物理時間旅行裝置。需要留意一個重點，它需要一定程度的心靈和深度意識的發展，才能經得起把自己投射到時間中的嚴酷考驗，即使不使用肉體。我們還明白到該裝置具有生物共振性，因為它會根據受試者的生理、心理和情感條件以及他們自己過去的經驗因而產生不同的變化。也可以說，我們會有不同於其他人的經歷。

時間裝置的另一個引人入勝的部分是存在一定程度的審查機制。當塞薩爾試圖將他的意識投射到過去中去找尋此裝置的發明者時，他遇到了障礙。雖然該裝置在某些方面提供了廣博的和有用的資訊，但它當中奧秘是不能被滲透的，至少在這個特定的時期是這樣的。而這些部分引起的猜想不絕於耳。

這些審查問題引起了一些爭議，因為塞薩爾在時間裝置中轉述了他最初的經歷，他回到了耶穌的第一世紀時期。拉杜還講述了他在投影大廳（羅馬尼亞人面獅身像下方）親眼目睹耶穌受難事件時的最初經歷。這個說法中包含不明飛行物在一場幾乎無法抵禦的雷雨中肆虐，恐懼的群眾爭相拯救自己的生命。這留下了一個很大的爭議，因為這個結果已經令不少人質疑作者的真實性。不過，我要補充一點，到目前為止，大多數讀者對所回覆的解釋卻深信不疑。

他們喜歡這本書，對作者不加評判。然而，這種體驗最相關的方面也許在於促進這種體驗的裝置是生物共振的。無論所呈現的事件是否在傳統意義上是真實的，它們肯定是集體意識幾千年來一直與之鬥爭的事件。

然而，在《埃及之謎》中發生的事情被第四卷《秘密羊皮紙》中發生的事情所取代。拉杜發現自己正處於政治和陰謀之中，這場陰謀是圍繞著控制羅馬尼亞人面獅身像下的全息密室展開的。因此，拉杜被派往美國，參加五角大廈的一個遠程觀察項目，這一切都是為了化解不斷加劇的政治緊張局勢。當陰謀升級為一場全面的政治和秘密戰爭時，有高級精神力量的介入，其中之一包括拉杜被召回羅馬尼亞，以便與日巴桑迪會面，以便翻譯馬坎迪送給他的古代藏文手稿或「秘密羊皮紙」，如《外西凡尼亞的月光》中所描述的。

雖然羊皮紙介紹了五種寶貴的精神提升技巧（這些技巧與已知的瑜伽練習「西藏五種

禮儀」不同），但它在世界上的存在引發了一系列量子事件，從南極洲雪中出現的奇異結構延伸出來，起到了天線的作用，它位於木衛二歐羅巴（木星的天然衛星之一）、德納利峰（舊名麥金利峰）和外西凡尼亞的訊號交會處。

儘管發現這種外星連繫的發現令人難以置信，但當美國人得知通往外西凡尼亞的訊號顯示一條純金隧道的通道，延伸數英里到地下，導致破壞羅馬尼亞零號部門結構的企圖升級時，古老的象形文字嵌在黃金中，表明該地區是「所有世界聯合起來」的內部地球的紐帶。還有更多象形文字和一個神秘的門戶，似乎是通往外太空的直接通道；而且，據推測，是另一個宇宙的外太空。

這些發現是由一位康斯坦汀教授發現的。他報告了這些發現，並帶著政府的一個小組去調查。這之後，他就被迅速帶走了，從此杳無音信。儘管調查人員被殺，康斯坦汀教授還是向塞薩爾·布萊德做了一份總結報告；而這類報告被認為是羅馬尼亞國家的最高國家機密。即便如此，零號部門仍然無法找到任何通往這些通道的任何通道，儘管付出了相當大的努力，但沒有進一步的發現。儘管馬坎迪的秘密羊皮紙已經被翻譯出來，我們也得到了它特有的智慧，但是《秘密羊皮紙：五種西藏啟蒙技巧》卻給我們留下了一個懸而未決的巨大謎團。

我也為這本書做出了貢獻，我透露了自己在該地區的冒險經歷，學習古代傳說，以及這些傳說如何融入拉杜的冒險計畫。原來，康斯坦汀教授確實是一個消失了的真實人物，我甚至看到了他曾經居住的地方。這裡還有一個黃金寶座之穀，正是在這一地區，我發現了我所遇到的最了不起的發現之一。

儘管在之前的任何一本書中都沒有提到，但我在二〇一四年被一位羅馬尼亞考古學家帶到了一個洞穴。這個洞穴被稱為喬洛維納洞穴，它是羅馬尼亞最偉大的考古發現之一，它表明一個文明確實佔據了拉杜提到的地心和附近的洞穴。喬克羅維納（Cioclovina）洞穴代表了一種宏大的中央洞穴站，與之相連的還有七個洞穴，代表了至少七公里長的隧道。

雖然上述關於喬洛維納洞穴的發現與拉杜的說法有很大關聯，但我的科學家朋友大衛・安德森博士（David Anderson）的證實更令人吃驚。他最初於二〇〇八年將我帶到羅馬尼亞，他首次透露，喬洛維納洞穴是有史以來最大的時空動力的釋放地點。時空動力是安德森博士創造的一個術語，用來表示在參考系拖曳（Frame-dragging）[2]過程中發生的

2 中文譯者註：參考系拖曳（Frame-dragging）為愛因斯坦的廣義相對論預言了處於轉動狀態的質量會對其周圍的時空產生拖曳的現象，這種現象被稱作參考系拖曳或慣性系拖曳。因轉動而產生的參考系拖曳的相應理論最早由奧地利物理學家約瑟夫・冷澤與漢斯・提爾苓於一九一八年通過廣義相對論推導出，因此參考系拖曳也常常被叫做冷澤——提爾苓效應。

時間膨脹而釋放的能量。如果你對這方面有進一步的興趣並想得到一個完整的解釋，你可以在我的網站上 www.timetraveleducationcenter.com 觀看系列影片《時間旅行理論解釋》（Time Travel Theory Explained）。

《外西凡尼亞的月光》一書的附錄中也解釋了這一功能，用外行的話來說，所有這些都意味著安德森博士的發現表明，這一地區是重型時間旅行實驗的地點。他完全驚訝於我在羅馬尼亞探險時偶然地發現了這個地區。請注意，這個區域從來不是我感興趣的目標區域。我在一個休息日，在我認識的考古學家的慫恿下被帶到了那裡。他對時間實驗之類的東西一無所知。順便說一句，考古學家告訴我，我向他轉述的關於拉杜的書的故事，他當時還沒有讀過這些，但是與他所聽到的關於該地區的許多故事有關。

雖然安德森博士和我在羅馬尼亞的其他同事對許多所謂的「旁道」或補充線索非常感興趣，但我現在不談這個問題了。拉杜非常瞭解安德森博士，甚至有興趣與他會面。很有可能所有這些不同的線程有一天會凝聚成一個單一的同質線索。

拉杜的第五本書，題為《地球內部——第二條隧道》，指的是羅馬尼亞人面獅身像下方房間裡的投影室中的一系列三條隧道中的「第二條隧道」。《埃及之謎》系列第三本書名中命名的第一條隧道，其通往吉薩高原下的一個密室。第二條隧道，通往地下都市和設施。第三條隧道通往西藏，分支通往喀爾巴阡山脈（靠近羅馬尼亞的布澤烏），然後通往伊拉克；再從那裡通往蒙古和戈壁高原。

《在地球內部——第二條隧道》開始於對地球物理學的一個相當冷靜的評估，以及它與地核的關係，還有對這個神秘區域的無數誤解，這個神秘區域通常被稱為「地心」，而且也總是被錯誤地稱為「空心地球」。

拉杜的老朋友兼導師西恩博士對這些不同的方面給予了相當透徹的解釋，並對科學和黑洞的起源提出了非凡的新見解，這些見解最終將深入學術殿堂，徹底改變科學對此類主題的思考方式。書中還對一七九九年卡文迪什實驗的致命錯誤有詳盡的解釋，該實驗是證明地核是被熔岩包圍的大量鐵鎳合金的「黃金標準」。你將了解到，後來證明這一結論的實驗是建立在一個沒有經過嚴格檢查、實際上是錯誤的實驗基礎上的，這相當於是離譜的假設。你還將了解到，居住在地球核心的確實是一個黑洞，在科學之外，還有拉杜與塞薩爾的非凡冒險，兩人訪問了地球內部的神秘區域以及佔據該區域的多種文明。這裡有許多令人驚奇的會面，也有關於促進「地球內部」神秘區域之間交通的科技描述。拉杜還讓我們一窺傳說中的香巴拉城，一個位於地球內部本身核心的天堂，那裡的平衡與和諧是文明的基礎。不管你對拉杜的冒險最終看法為何，你都會接觸到一種新穎的示例，它會改變你對世界的看法。

拉杜的書中最令人欽佩的一點是，雖然熟悉的面向和人物對他們來說都是共同的，但每一個都是獨特的，集中體現了不同的面貌。《失落的地球真相》也不例外，在這裡你將閱讀到關於人類歷史被遺忘的起源。

彼德・沐恩

長島

二〇一九年五月十一日

作者手記

我懷著濃厚的興趣寫了這本書，是為了想讓讀者了解人類歷史真實的根源與基礎。這個任務始於二〇〇四年，一切從目睹投影大廳中人類「被封鎖掩蓋」的各種令我震驚的過去影像之後，我開始了這個探索。

我沒有快速地完成這個任務有兩個主要原因。一方面，我沒有足夠的資訊來對人類從起源至今的命運提出一個可評估的觀點；另一方面，當時的我也沒有得到允許來透露我所發現的事實，哪怕是很小的一部分。

甚至在今日，也有人建議我不要披露人類歷史上某些「微妙」的事件，因為這些事件可能會動搖各階層群眾的宗教基礎。還有其他一些敏感的政治和地緣戰略事件，這將會引發可能出現的政府問題或「難堪」，而應予以保留。在我寫完這本書的正文並審閱修改後，我意識到我所要提供的東西可能相當複雜，並且會造成棘手的局面。

一段時間裡，我一直在躊躇，不知道該怎麼做。直到我意識到將事情單純化可能會產生其他問題，最後，我還是決定「冒著風險」出版完整的版本。

不過，我敢向讀者提一個重要的建議。至少必須將這本書的第四、第五、第六和第七章仔細閱讀，以便理解「人類計畫」的根源。重新讀取其內容對於了解那些遙遠的時代所發生的事情將能有所裨益。

儘管本書提出的概念似乎很難理解，但我認為有必要向前邁出一步，揭露一些更深層次的問題。我還相信，我所寫的前幾卷中的內容，已為本文的深奧概念和其他含義奠定了相當的基礎，以利本卷及其後續內容的閱讀上具有前後連貫性。

我將繼續採用這種更為詳細的方法，因為它在當前時代背景下是必要的。我希望這一系列書籍的讀者能夠正確地理解我的做法，同時明白我向世界揭露現實中不為人知的部分這份真誠的心願。

拉杜・錫納馬爾

第1章 可以跨維度的先進高科技：俯瞰地球的橫切面

我拿到一個特殊的「異次元頭盔」，這是一個驚人的跨維度科技！它和全息影像之間有所連結。我從地球的橫切面目睹從物質維度移動至乙太維度，甚至從地球的「內部」移動成爲可能。這樣的乙太連結並不局限於地球，它們是跨維度的。我就像在看一部紀錄片，而我是那個「紀錄片」的一部分。我不僅能看到螢幕上簡單的投影影像，而且連感官功能也加了進來，好像我眞的在那些事件和影像中。我同時覺得自己既在倉庫的那個房間裡，也在全息影像中。

在我從烏特克拉哈[3]（地球中心的古馬雅人城市，離香巴拉的崇高城堡非常近）回來後，我不得不重新接受我們星球上相當嚴峻的現實：地表與地心的知覺和振動水準的差異是巨大的。在最初的幾天裡，我幾乎對一切看似原始的東西感到窒息，這包括人們的習慣，以及其想法、野心、生活觀念以及我們都熟悉的生活水準。

與我不同的是，無論塞薩爾在地球的內部或在地球的表面，一切都是得心應手的。當我們回到基地時，他立即要求我做一個簡報給尼可拉中尉，他是我們的同事，接替了他擔任零號部門的主管。在接下來的幾個小時裡，塞薩爾已經在分配任務、制定計畫，以及與國內外人士進行電話交談，並作出重要決定。我欽佩他非凡的專注力、自制力以及他身上散發出的力量和能量；他的決心、良好的意圖和動機總是能夠簡明扼要地體現出來。

至於我自己，我不得不去布加勒斯特兩天，以解決一些個人問題。當時，我參與的重要事務並不完全是我所需要的，尤其是從地球內部旅行的活生生印象震撼了我之後。然而，我很快回到了基地，也恢復了正常的活動流程，接著我被催促著立即出發去考察第三條隧道，即通往伊拉克的隧道，於二〇一五年二月初建造。

3 在《地球內部——第二條隧道》中，烏特克拉哈是拉杜訪問的不同城市之一，是最接近傳說中的香巴拉地區的城市。雖然拉杜只能瞥見這座傳奇城市的風采，但他被告知，它不負它的神話傳說。

啟程了！這次探險的總體行動計畫

在我們離開前不久，我們已經和克羅斯少校討論了這次探險的一些基本情況[4]，探險隊將由五名隊員組成，將進行一次有明確目的的短期旅行。對我而言，這雖然是我第一次穿越第三隧道[5]，但由於我在穿越另外兩條隧道的探險中積累了相當多的經驗，我想我已經為這一次的嘗試做好了準備。

組織這次探險的任務由我和尼可拉中尉擔任。我負責該協議的行政部分，其中涵蓋小組的組成和總體行動計畫，包括與美方的一切活動和聯繫。尼可拉中尉被指派負責後勤、安全以及科學方面的所有事務。

由於這次任務如風馳電掣般，無法應付裕如，因此只做了簡易訓練。在組織這次行程的第一階段中，小組成員決定為塞薩爾、尼可拉中尉和我，以及美國海軍特勤局的兩名軍官，後者是應美國人的要求。由於我們不了解海軍參與的原因，我曾要求為我們作出解

4 在《地球內部——第二條隧道》中，克羅斯少校是零號部門的美國聯絡人，與拉杜和塞薩爾．布萊德有著積極的關係。

5 第三條隧道通往西藏，並有一條分支通往喀爾巴阡山脈（羅馬尼亞的布澤烏附近），然後通往伊拉克；從那裡到蒙古和戈壁高原。

釋，但卻得到了一個令人困惑的答覆，這使我們重新考慮了這支隊伍的組成。

因此，我們從五角大廈的內部秘密結構中尋求成員，其他探險隊就是採用這種作法。然而情況有些緊張，特別是因為和我們進行討論的那位尊者[6]的到來，賽爾謬．克羅斯少校也參加了討論。儘管如此，這個討論並沒有影響到我和塞薩爾前往優勝美地的行程或是與美方的合作。情況證明，這位尊者有其他意圖，並且沒有對我們的團隊組成施加任何壓力。他只要求有權研究某件特定文物。具體地說，他想獲得研究水晶墊的權利，他之所以知道這些水晶墊在第三條隧道裡，是由於先前通過第三隧道的人在那裡發現並進行了報導。

在我們提出更換小組的要求後，美國人重新考慮了他們的決定，把兩名年輕軍官列入了五角大廈的名單。

除了這個變化，還有一個驚喜，塞薩爾和我在從阿根廷回來後得知的。最初只是尼柯拉中尉的簡短口頭介紹，但後來在塞薩爾要求的一份完整報告中提出。

---

6 第一條隧道是指從投影大廳通往埃及吉薩高原下方的隧道，那裡有一個類似於羅馬尼亞人面獅身像下方的裝置。它是《埃及之謎——第一條隧道》一書的主題。

能夠使個人的意識跨越遙遠的距離，看到宇宙元素的神奇「座椅」

從尼可拉的簡報中，我們了解到，一個科學家小組已經開發出一種技術，可以從通過第一條隧道[7]到達的吉薩高原下的密室中取得的白金石板下載資訊。完成這項工作的研究花了很多年。

錄製所使用的未知材料和編碼系統對學者們來說一直是個謎，但不知何故，他們最終設法獲得了儲存的資訊。在埃及墓室中發現這些板塊之後，面臨的最大問題是無法以任何方式獲取其中的資料，以便對其進行描繪和評估。在資料被發現的最初幾年裡，人員們進行了大量的研究，儘管非常困難，他們仍然能夠從一台平板電腦裡下載這些資訊，只是大約花了一年時間才完成這項工作。然而，埃及的神秘密室裡有數千塊這樣的石板，尼可拉中尉告訴我們，朝著這個方向已經邁出了重要的一步，能夠在不到一個月的時間內就完成下載。更重要的是，提供的技術可以同時下載多個石板。事實上，這些極其重要的資料能夠以數位格式下載，這使得對其進行清點和分類成為可能，當然，是在非常嚴密的安全保護下。尼可拉中尉在他的報告中明確指出，美國人詢問這個協定是想知道資訊的解碼和下

7【羅馬尼亞編者註】塞薩爾最有可能暗指二戰期間，羅馬尼亞皇家寶藏以保護其安全為幌子運到俄羅斯。然而，這些寶藏似乎已經「蒸發」了，因為其中大部分從未歸還。

載由他們完成還是我們來完成。不過，塞薩爾在這方面說得非常清楚。

他說，如果這項作業在美國進行，那就意味著把石板運到那裡，這是我們負擔不起的。假如它是一件普通的珍寶，或許這個因素就能忽略不計，但肯定不是像這樣一件值得全人類警惕的無價之寶。這一步使我非常高興，因為我能夠輕而易舉地研究這所有的資料。然而，事實證明此協定有點複雜。在隨後的雙邊會談中，美國人試圖進行長期的談判，提出了「敲詐」的想法，只是，他們很快放棄了，因為我們的立場顯而易見。他們試圖讓我們沉迷於他們發現的這種新的下載技術，不過他們也意識到，如果從這裡取走石板會產生相當嚴重的問題，在羅馬尼亞建立一個專門從事這項工作的實驗室要容易得多。為了確保最佳安全，決定在解碼和清點資訊之後，將這些石板帶回埃及的神秘密室。還應該提及的是，已經針對訊息的儲存、可存取性和保護方面的安全性制定了非常嚴格的協議。

從石板中提取的數據的準確性幾乎達到了80％，這一點很重要。關於此事的科學報告的綜合表明，資訊的遺失是所使用的技術與支持全息資訊的未知資料之間的某個點上出現一種奇怪相互作用的結果。它有一些非常特殊的磁性，與迄今為止尚未完全破譯的特定算法一致。雖然有一些資訊遺失，但準確率是可以接受的，特別是我們可以期望及時為問題找到一個完整的解決方案。

在報告中，尼可拉中尉一再提到存在一個我們必須考慮的因素。利用美國科技提取的數位資訊，我觀看了大多數這些使人驚奇的錄影檔，我注意到在許多錄影中，當影像開始流動時，有一個「座椅」，從表面上看，它能夠使個人的意識跨越遙遠的距離，目的是為了促進與其他生命或實體的「會面」，也是為了「看到」一些地點、行星、恆星或通常會被普通人忽略的宇宙元素。椅子和影像之間的關聯說明了後者是由前者訪問的。

我們已經從塞薩爾那裡得知，伊拉克的地下建築群可以通過第三條隧道進入，這當中有一個與埃及的神秘密室相似但更小的「房間」。在我看了白金石板上的影像後，塞薩爾告訴我，實際上，埃及一些白金石板上的影像有一把特殊的「座椅」，類似於伊拉克建築群中現有的椅子，這是尼可拉中尉在他的報告中提到的，他之所以提及，是因為這是兩者之間的共同元素。

操作特殊「座椅」的謎團

即便塞薩爾已經在伊拉格的神秘密室裡待過好幾次，他也不能清楚地理解「座椅」對人類的作用，因為它根本不起作用。包括把它與外部能源連接起來的嘗試，所有讓它運作的嘗試都失敗了。「椅子」並沒有「啟動」，自從它被發現後，就從未進入運行狀態。

這個謎團一直存在，直到塞薩爾在大埃及圖書館觀看了一些白金石板上的影像後，才明白「座椅」的功能取決於放置在椅子右側的一塊大水晶。這塊水晶會發出光，它的輻射強度根據所呈現的資訊元素而變化。

據我們所知，這顆水晶呈四面體形狀，頂端向下凹陷。但現在的問題是伊拉克的神秘密室裡沒有這樣的水

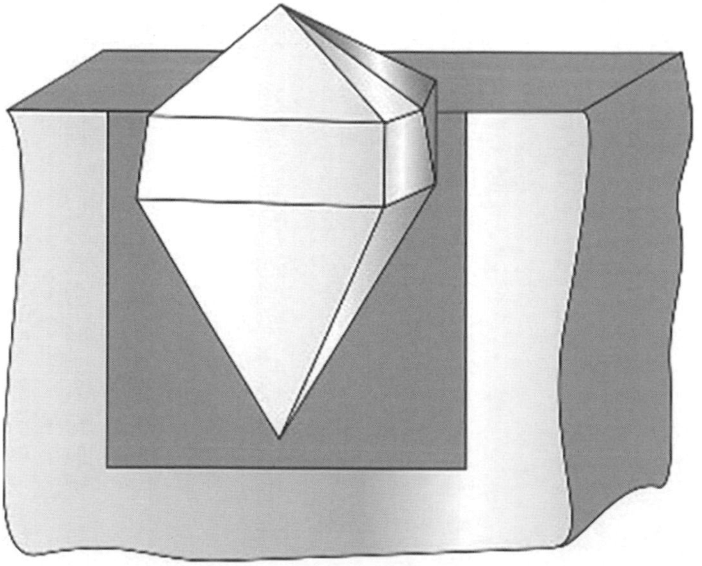

嵌入式乙太晶體的簡單表示

晶。然而，有一個指定的地方，它應該是在「座椅」的右邊，但它是空的。這是相當奇怪的，因為這是沒有意義的，只存在「座椅」而不存在使它作用的水晶，正如石板上的影像所顯示的那樣。

這就是為什麼在資訊報告發送給五角大廈後，五角大廈的高級職員提出了一些意見，要求一名ＩＴ專家參加將要通過第二條隧道的團隊。他們的論點是，電腦科學家可能有辦法解決操作這個特殊「座椅」的問題。

就我個人而言，我希望這位專家是艾登[8]，但我知道他早在六年前就離開了美國陸軍。然而，在阿爾法基地的諮詢會議上，我們決定不補團隊成員的人數。因此在與五角大廈進行了幾次討論之後，最終放棄了這個提議，因為在我看來不會有任何成果。由於ＩＴ專家都是一般百姓，因此有可能洩露資訊。然而，對於艾登來說，可能是個例外，因為他是一個特殊的例子。

8 艾登是《埃及之謎——第一條隧道》一書中的一個人物，他是一名美國科技專家，陪同拉杜和塞薩爾前往吉薩，並帶來了一台全息筆記型電腦，這是他們成功完成任務必不可少的。艾登是一個迷人而複雜的人物，他覺得自己在心理上與全息電腦「連線」。

布切吉山脈秘密建築群的科技顯然是起源於外星球

儘管伊拉克神秘密室裡失蹤的水晶之謎沒有答案，但塞薩爾在第三條隧道探險隊的一次計畫會議上做出了一個決定。他決定聯繫托馬西斯的智者德林，徵求他的意見和幫助。[9]一月底時，塞薩爾在投影大廳用熟悉的方法完成了這項工作。回到基地後，塞薩爾告訴我，德林同意幫助我們，他也會請求阿佩洛斯理事會的支持[10]。德林證明了這一點，阿佩洛斯人會更了解這一點，因為他們是從宇宙種族混種而來的，而布切吉山脈秘密建築群的科技顯然是起源於外星球。因此阿佩洛斯人會更理解這項科技，並能夠幫助我們，這是合乎邏輯的。

塞薩爾的想法對五角大廈的某些級別的人來說並沒有引起太多的熱情。那裡的一些將軍不想成為「縱容」地球上存在其他文明的先例。換言之，即使阿佩洛斯人比我們先進，埃及和伊拉克也不想在放映廳或會議室裡分享這項科技。這些資訊來自塞薩爾的好朋友塞

---

9 在《地球內部——第二條隧道》中，拉杜在他第一次前往地心的旅程中遇到了德林。德林住在托馬西斯，這是一座位於地表之下的都市，實際上是一個地下區域，由自然元素加熱和照明。這是一個介於地心文明更多維度之間的地區，而德林是拉杜和塞薩爾的聯絡人。

10 阿佩洛斯是拉杜和塞薩爾訪問的另一個城市。比托馬西斯更先進的是，他們從那裡旅行到不存在於物理層的阿佩洛斯。它擁有非常先進的科技，在《地球內部——第二條隧道》中有所討論，甚至繪製了插圖。

繆爾．克羅斯少校。事實上，我們得知這一事實是由於克羅斯少校的善心和直接授權。羅馬尼亞人和美國人之間的這種緊張關係有時出現在決策層，但通常很快就會克服，無論有沒有外交手段。正如我以前說過的，最困難的是那些我們必須應付尊者的干預，因為當這種情況發生時，問題就更加複雜了。

德林毫不遲疑地答覆，由於他在阿佩洛斯非常受尊重，他在那裡諮詢，大門以一種非同尋常的方式打開了，以分享對人類過去的客觀和可信的知識，我將在本書中介紹其要點。德林告訴我們，那些在阿佩洛斯的人已經同意幫助我們，而且他們也說，到目前為止，他們和地表世界之間永遠存在著聯繫。

對於這些問題，我實在疑惑到了極點。塞薩爾告訴我，應阿佩洛斯理事會的請求，聯絡人將是我。他們沒有詳細說明這個決定，他們只是說我在阿佩洛斯會見他們時，給他們留下了很好的印象。塞薩爾還開心地笑著告訴我，這需要一個受過一定程度的優秀訓練者，才能正確理解他們想要分享的啟示。

正如他們所表明的，他們的決定是一個非常遠大的計畫的一部分，這個計畫將促進人類的揚升。此揚升將會是透過傳播資訊出現在地球表面，這會成為一個重要的環節，使至少一部分人類能夠在他們的意識水準上經歷轉變。德林說，在我們星球的層面上，這個計畫是經由香巴拉的智者協調的[11]。

雖然我非常渴望去香巴拉，但我意識到這意味著我必須有某種程度的意識和認知，我才有辦法在那裡出現。我對地球中心烏特克拉哈的訪問明確地讓我明白了這一點，但它也在我心中埋下了對那個夢想王國的懷舊之情，除了遠遠地看那座傳說中的都市，我根本無法進入這個王國。現在，有了阿佩洛斯理事會提供的這個絕佳機會，我想，也許我進入香巴拉的那一刻並不遙遠了。

11 在《地球內部——第二條隧道》中，香巴拉的智者指的是監視香巴拉地區並允許那些表現出高層次意識狀態的人進入的高層次生物理事會。

不起眼的倉庫裡隱藏著驚人秘密！？阿佩洛斯文明的基地

事情發展得很快。德林促成了與阿佩洛斯的橋樑，並給了我們一組精確的座標，指明了會面的地點。快速的研究表明，這個地方位於阿普塞尼山腳下外西凡尼亞一個小鎮附近的一個荒蕪的山坡上。到達的確切日期和時間已經定好了，我孤身一人去了。它看起來像我在影片上看到的，但它是完全可以辨認的。事實上，所指示的地方幾乎是不可能錯失的：小山坡上光禿禿的，只有一層薄薄的雪，在廣闊的山坡上，同樣的景觀是一致的，幾乎沒有樹木，灌木或森林。都市就在遠處，大約五公里遠。由於其他山丘和周圍的土丘之間沒有地面上的通道，你不能步行到達那裡。很明顯，選擇這個地方是為了封鎖任何被追查的企圖。然而，我不認為阿佩洛斯人這樣做是因為他們懷疑我們會被跟踪；但是，鑒於某些國家或外國勢力和派系，不時表明了他們的隱秘利益和野心繁重，缺乏透明度，這可能是一種最低限度的、甚至是必要的保護措施。控制、奪取、征服甚至鎮壓的傾向，久而久之造成了很大的苦難，形勢不容樂觀，現在的情況也沒有好轉，即使事情似乎是由善意鋪就的。

當我到達會場時，有一個人在等我。我當時想，這種情況似乎是阿根廷會議的重演，我和塞薩爾也在一個荒涼的地方等著，遇到了一個奇怪的巫師。現在，這個人至少看起來

「正常」。是個中年人，他看上去像個普通人，穿著運動裝，非常從容。

此外，讓我鬆了一口氣的是，他不像阿根廷的巫師那樣說話，而是用德語，略帶巴伐利亞口音。他告訴我我們應該往哪個方向走，我驚訝地發現我們實際上是朝著我剛來的都市走去。我對此表示困惑，正如我所懷疑的那樣，該名男子向我解釋說，會議地點只是最低限度的保護措施。

「我奉命開車送你去你拿補給品的地方，」他說。

我揚起眉毛。

「即使我們只有兩個人，檢測到我們也很容易。」我說，以防止以後可能出現的任何誤解。

那人微微一笑，說話了。

「從我們見面的那一刻起，您身上的任何設備都不再有效。你已經從外面的世界『消失』一段時間了。」

當我質疑地看著他時，他停頓了一下，然後神秘地補充道，「阿佩洛斯技術。」我意識到這是事實，但該名男子沒有給我看任何設備。相反，他仍然相當穩定和專注。好奇，我從口袋裡掏出手機和基地的特殊ＧＰＳ。事實上，我這兩個設備都「掛了」。我什麼也沒說，但這項技術的水準令人讚歎。

幾分鐘後，我們走了剩下的路，只進行了愉快而籠統的談話，但我注意到那個人沒有自我介紹。我們已經靠近這個小鎮的郊區了，這個地區或許特別適合做倉庫。我很驚訝，因為我期待去一個更孤立和神秘的地方，也許再次到阿佩洛斯。

但事實上，該名男子帶領我到一個由現代籬笆保護的院子裡，一個維護良好且保養得完好的機庫的前面。我們一起走到入口處，令我吃驚的是，我只是走進那個機庫的門，看到它就像零售商的普通倉庫。

我不得不說，我本來期待這次會議有一些不同尋常和神秘的東西，但結果卻是如此平凡，甚至微不足道。要不是那個德國血統的人所展示的保護性隱形技術，我恐怕會說，一切都是一個惡作劇，或者他只是帶我去那裡購物。事實上，正如我很快就要明白的那樣，情況完全不同了。

機庫只是阿佩洛斯文明的基地之一，在我訪問他們的城市時，他們曾經告訴過我。事實上，環顧四周，我注意到這個地方充滿了商品，尤其是食物。無論我往哪裡看，我都能看到氣球、麻袋、大箱子、貨櫃車和堆高機。一言以蔽之，即那些人們會在倉庫中通常會進行的活動和使用的物品。

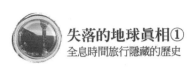

超越現代科技不可思議的「異次元頭盔」

把我領進機庫的那個人關上了我身後的門，他留在了外面。在燈光明亮的機庫裡，我看到五個人向我走來，我立刻意識到他們具有在阿佩洛斯發現的人的特徵。雖然他們看起來像我們，但他們的臉明顯蒼白，額頭較高，步態和諧，可以說是具有高貴的氣質。他們棕色的頭髮光滑得像抹了油。他們來到我的右邊，向我打招呼，這次是用羅馬尼亞語發言。穿著簡單但優雅的棕紅色工作服，臉部皮膚為白色，與深色頭髮形成強烈對比，而他們的眼睛比我們的眼睛更細長，略呈杏仁狀。五個人中的其中一個似乎是他們的領袖，我和他寒暄了幾句。他的羅馬尼亞語說得很好，儘管他的發音對我來說很奇怪。他那無拘無束和坦然的天性令人感到一種莫大的舒適感，在和他的交流中也得到了善意的支持。

其中三個人去了機庫的另一個區域，而我和他們的領袖一同前行，還有另一個跟隨我們的人，隨侍在側。這兩個人向我展示了一個更僻靜的機庫區域，在那裡我看到地上有一個直徑近三米的圓圈，被燈光包圍著，我看不見燈源，但我把燈的來源比作ＬＥＤ。燈所發出的光是一種非常精細的白色，是連續的，但幾乎看不見。圓的表面覆蓋著小正方形和線條，也很隱秘地發光，但呈白藍色。基於我之前訪問阿佩洛斯時得到的解釋，我認識到這是一次特殊心靈傳輸科技的「提升」。

再往前走幾公尺，我們看到一個空間被三堵高牆隔開，第四堵牆是倉庫的牆。這是一個相當大的房間，我估計它的表面大約有三十平方英尺，地板上有一塊厚厚的橡膠地毯。地毯下方的地板有些多孔，呈深藍色。我對室內的整潔和井然有序感到驚訝，我只看到一張桌子、兩張扶手椅和一個資料夾。在其中一個側壁前面，我們注意到地面上有一個長方形的金屬銀表面，大的一面大約有150公分。有人向我解釋說，這是一個協助阿佩洛斯人調查與自身安全有關的當前情況，是一個阿卡西記錄投影的裝置。當我們聽著這些說明的同時，金屬矩形開始成形，但我沒有看到任何人對此發號施令。當它到達大約一公尺高時，它停了下來。它是一個長方形的金屬盒子，非常光滑，看起來像是一塊月光銀。幾秒鐘後，一些靠近水面的淺藍色線條出現在我們身邊，其中一些變成了紅色。

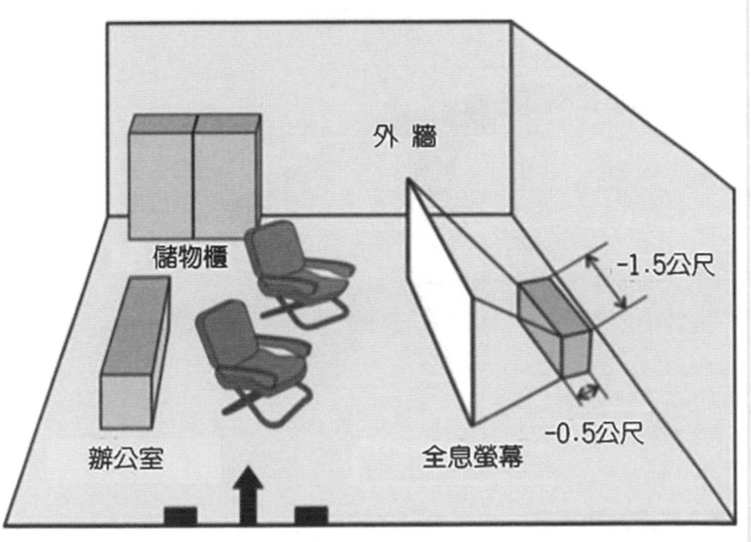

人類未曾體驗的狀態，我進入了「乙太模式」

來自阿佩洛斯的小組組長首先向我打招呼，接著向我展示了一個小裝置，這個裝置的樣子像一個非常薄的小頭盔，他在裡面插入了類似卡片的東西。他告訴我，為了使我更好地理解他將呈現給我的一些元素，我需要以某種管道「耦合」到地面上的矩形裝置上，為此，我必須戴上這個微型頭盔。

作為其主要元素，頭盔的前額有一個類似於窄光帶的圓環，環繞著整個頭部。在前面，戒指有一個非常精細的透明水晶螢幕。如果不是頭盔的兩個小分支一直延伸到我的耳朵，我會說這是一副現代眼鏡。這是一個科技非常先進的「智慧型」設備。那人說告訴我，這個裝置將以一種微妙的方式耦合到我的個人振動頻

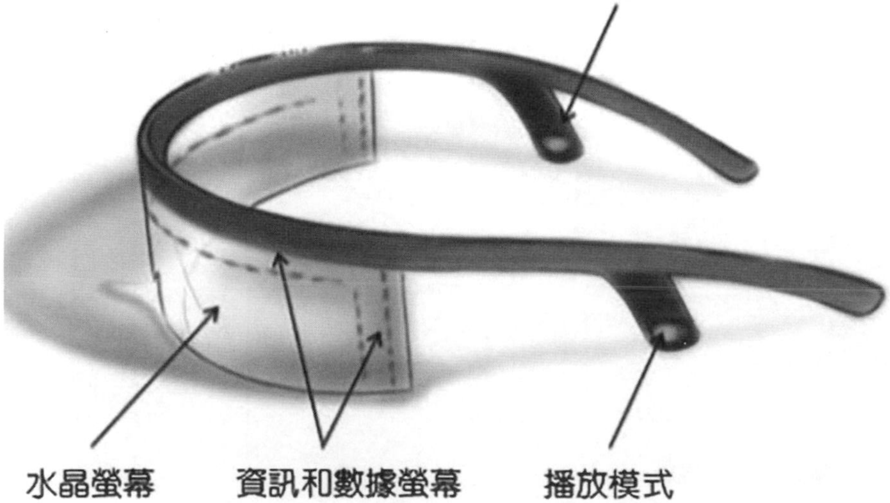

率，從而作為我意識的一種附加配件，與我的心理過程的具體細節相一致。換句話說，我理解到這是一個客製的個人配件。

阿佩洛斯人告訴我，這個設備一戴在我頭上就會自動記錄我看到的任何東西。他告訴我如果要重播，只需要用手觸摸耳機的左側，然後專注於我想喚起的瞬間、影像、存在或物體。然而，據我所知，頭盔的抗阻部分是它在乙太層中視覺化的能力。

通過用手指輕輕觸摸耳機的右側，可以自動或「隨選」在物理層和乙太層之間切換視圖。阿佩洛斯人敦促我體驗頭盔的這種特殊功能。

起初，我沒有看到任何不尋常的外部世界。然而，幾秒鐘後，當更多的彩色和更清晰的三維影像進入視野時，我開始感覺到另一種情況。在「鏡頭」的頂部，出現了數位和其他特定的標誌，但在一定的距離以全息格式出現在前面。視覺資訊展開得很快，就像我在房間裡看到的矩形金屬盒一樣。

接著我把目光轉向全息螢幕，看到了一個相當擁擠的市場的畫面。這就好像我在看一部紀錄片，但有趣的是，我不僅能看到螢幕上簡單的投影影像，而且好像我真的在那些事件和影像中，通過我的感官感知這一切。不知何故，在頭盔的協助下，我能夠從大全息螢幕上看到影像，就連情感也加了進來。由於塞薩爾的解釋以及我在埃及的神秘密室中使用這個裝置所經歷的時間位移，我對這種事情並不陌生。輕輕觸摸頭盔的右側，我看到影像變得有些「乳白色」，周圍的物體人有輕微的發光，這表明我進入了「乙太模式」。

關於我使用的頭盔，我不明白這一切是怎麼發生的，但我猜想這是阿佩洛斯先進科技的一部分。我在全息螢幕上看到了一切，但我對影像也有了更深的感覺和理解。很明顯頭盔和全息螢幕之間有所連結，但我不明白它的原理。

在某種程度上，我是那個「紀錄片」的一部分，我參與了正在觀看的環境，好像我真的在那裡。然而，與此同時，我非常清楚且能感覺到我和阿佩洛斯的眾生們在機庫裡。我沒有感覺到我已經「去了某個地方」，或者我正在失去與我所處的物質現實的聯繫；我同時覺得自己好像既在倉庫的那個房間裡，也在全息螢幕上所看到的影像之中。

太驚訝了！橫切面中的地球：我懸浮在高空中清楚地看到地球的一半以及地球內部

正當我認真地想看那些擁擠的城市的景象時，我感覺自己被「提升」到了某個高度，彷彿我在它上面懸浮。上升的速度是如此之快，如此之高，以至於我可以很快看到整個地球，當地球繞其軸旋轉足夠長的時間時，我可以在左邊看到它的橫切面。

我驚呆了，因為那些阿佩洛斯人似乎想讓我接受從一個橫切面來觀察地球的觀點，就像我和西恩博士會面時提出討論的那樣。我對自己解釋說，這似乎是頭盔科技的結果，至少在一定程度上，可以接觸到我的神經活動。不過，我很高興，我能看到我剛才在心裡的想像「活」了出來。如果知道他們使用了什麼科技來實現這一點，那將是非常令人振奮的，但現在不是提出這樣一個問題的時候。

起初，我以為我將要看到的是一個三維圖形的彩現，但我馬上意識到，我看到的一切都是非常真實的。在某種程度上，我無法很好地解釋，我清楚地看到了我們的地球的一半，我甚至能夠根據距離來修改該視覺。我突然想到那些在阿佩洛斯的人想給我看一張地圖，標明從地表到阿佩洛斯的路線。我們看到許多洞穴、石窟和隧道，包括阿佩洛斯的居民通過穿梭機在地球內部旅行的大隧道。無論我在哪裡看，視覺效果都是完美的，也就是說，無論我在地球的哪一部分看什麼，我都能清楚地看到一切，包括細節。

我們還看到了阿佩洛人通過他們特定的傳送科技傳送「貨物和商品」等材料的隧道。我已經在羅馬尼亞相對應的地區算出了四條這樣的運輸隧道，但我認為實際上還有更多。沒有人對我說或解釋這些事情，但我可以確實明白我所看到的和影像的含義。我已經堅信這項科技意味著一個高度進化的軟體；但除此之外，我認為它包括了其他一些與乙太維度有直接交互作用的東西。

我正在觀看的部分隨後放大並「接近」我，很清楚地把將外西凡尼亞和羅馬尼亞的西北部地區分開了。在奧拉迪亞（Oradea）的那一側的側面，我看到一個不透明的銀色球體，用來隱藏那裡的東西。當我問這是什麼時，那位隨侍在我和領袖身後的人告訴我，這樣不透明的球體是我暫時不被允許看到的地方。他指出，在地殼下方有五個這樣的主要區域，它們位於羅馬尼亞領土之下。

這些區域包含了通往地球內部的入口，而這些入口必須隱藏。一個在多布羅加（Dobrogea），另一個在布澤烏（Buzau）地區，兩個在外西凡尼亞（Transylvania），第五個在該國東北部。這些是地表上的區域，人們可以通過隧道網絡連接地下都市及其人口。它們是維度間的裂口，也就是你可以從物理維度移動到乙太維度並滲透到地下某些精確位置的入口點。可能有更多這樣的輸入區，但他們只向我展示了其中的五個，儘管它們被遮住了。

當我注意到行星的外殼呈截面形式時，我愈來愈驚訝地看到地球內部微妙的乙太聯繫網絡，以及它們向物質層面的延伸，其中包括石窟、都市、隧道和大洞穴等有人居住的區域。

在地球那非同尋常的橫切面上，我看到了更明亮的點，其中一些點以發出能量的方式發光，我問及這些光是什麼，有人向我解釋說，有強大的磁場扭曲作為入口，使得我們能從物質維度移動至乙太維度，甚至從地球的「內部」移動成為可能。它們是連接地球表面和內部的基本紐帶。

「由於這樣的乙太連結並不局限於地球，它們是跨維度的，」阿佩洛斯人向我解釋，這些門戶不僅連結地球的外部和內部，還充當地球和其他行星之間的管道。那些擁有充分發展科技的人們非常明智地使用這些連結。

我承認，在那一刻，我真的不明白這是怎麼發生的，因為我只看到了與地球相連的東西。在我看來，巨大的乙太連結就像銀色拱門，其確切的位置仍然晦澀難懂。看著它們，我意識到它們本質上是乙太的，因為直接的理解傳遞到我的大腦中，而且它們更明亮，被包裹在一個明顯的閃亮光環中。例如，我可以分辨出地殼中的自然洞穴或空洞，它們在物質維度和乙太維度以特殊的管道向外輻射的區別。

正如精微的能量經絡支持人體內的能量迴圈，並「滋養」不同層次的存在一樣，地球也有自己的「經絡」和「精微經絡」，它們非常活躍，同時又「富有營養」。我在那一點上理解到，生活在地球上的人口在很大程度上被這些微妙的地球能量所「滋養」，這就是為什麼他們很容易與乙太維度接觸的原因。他們不開發利用我們的星球，而是可以說生活在一種和諧和高效的共生關係。這與地球表面的人們由於污染、浪費或非理性開發而遭受系統性破壞的理解和思考模式有著根本的不同。

物質層和乙太層之間的通道關鍵點，乙太子午線交叉點上的建築

一些細微的子午線與表面「交會」的地方非常明亮，引起了人們對其重要性的注意。我開始理解頭盔是如何作業的，我意識到它是一個非常先進的人類心理體驗的科技轉換器，我想知道這些點是被占據了還是已經廢棄了。

這一驚人的科技裝置以某種管道使人的思想和某些儲存在創造的微妙維度中的資訊聯繫起來；否則，我無法解釋在一定範圍內可能發生的「對話」。在我問了這個問題之後，圖像立即並強烈地放大到了地球表面上的一些亮點。我有點驚訝地看到當中顯示了一些房屋、城堡或舊建築物，而另一些則被放置在森林中，山脈沿岸甚至高原的平坦表面上。

我對那些正好建在乙太子午線交叉點上的建築特別感興趣。我把頭轉向正在幫助我的阿佩洛斯人，問他這些建築所示的區域代表了什麼。我已經知道阿佩洛斯人對於我所看到的東西很感興趣，他有心靈感應的能力，可以跟隨我的旅程，通過我所看到的視覺效果來了解我的情況。

「你可以稱之為『陰謀集團之家』，但這些建築實際上覆蓋了物質層和乙太層之間的通道關鍵點。它們就像門戶，」他解釋說。

「好吧，那誰住在裡面？」我困惑地問。

「我們中的一些人是阿佩洛斯人，但在這個星球上也有其他先進的文明，我們與他們一起工作，利用門戶從一個維度移動到另一個維度。我們不能放棄乙太維度和地球內部的這些重要通道，至少目前是這樣，因為它們會擾亂群眾，你們的統治者會想把它們用於軍事目的。」

我評論道：「我看當中有些已經很老舊了。」

「是的。這些城堡有幾百年的歷史，但在它們之前，同一個地方還有其它定居點，甚至有幾千年的歷史。然而，最重要的是城市中的敏感融合區，因為它們暴露在外，必須得到很好的保護。當然，所有這些都有產權；但這有時是不夠的。隨著時間的推移，發生了各種各樣的事件，隨著科技的發展，監控功能變得更加完善，已開發國家的特勤部門已經開始懷疑，並開始收集有關這些方面的資訊，但他們仍然不明白那裡真正發生了什麼。當破壞發生時，會出現一些關鍵情況，我們必須干預並取消這個地方的乙太電荷，改變它的結構，並將乙太經絡的『匯合點』移動到另一個更安全的區域。」

「那你為什麼不對所有這些敏感地區採取同樣的措施，把它們安置在非常安全的地方呢？」我坦率地問道。

「必須讓大自然玩自己的遊戲。凡事都有理由，也有往往被隱藏的意義。如果我們從人腿的自然位置取一些肌腱，你認為這個人也能走路嗎？這個情況也是一樣的。在發生不可抗力的情況下，我們呼籲採取這種極端的方法，但即便如此，這種轉移還是在某個特定的時間發生的，而且是一系列經過精心策劃的步驟，以幫助誘發一種與自然相一致的情況。」

「你遇到過這樣的情況嗎？」

「是的。其中一個是幾年前的事了，」來自阿佩洛斯的人回答說。

他將目光集中了片刻，然後摸了摸他太陽穴上的一個小裝置，我當時還沒注意到，因為它幾乎被他頭上的黑髮遮住了。

在我的頭盔裡，不同的影像立即從我從前看過的畫面開始呈現。我被帶到一個德國都市的一所漂亮的老房子裡。接著，畫面突然變了，描繪的是另一個家，這次是在美國，我能夠通過街道的具體命名和排列方式來識別。畫面突然又變了，我可以從極高處看到地球，突出了歐洲和北美的清晰輪廓，在兩大洲的兩點之間——突出了我看到的兩個地點——出現了一條彩虹般的導管，模糊並伴有許多符號。因此，我們出現空間扭曲，即時空連續體結構中的不連續性，這種現象眾所周知已久，並且被這種獨特的方法所保護。這種獨特的方法，正是在這種門戶上建立舊的屬性。

這與優勝美地印第安人使用的方法大致相同，小屋建於一七七六年，位於通往地球內部的大門上方。阿佩洛斯人告訴我，其中一些案件已經被不同國家的情報部門追捕。根據我的經驗，有關此類事情的訊息是以交換方式提供的，我下定決心要在返回基地時查清此事，我很想知道在這方面實際發生了什麼。

微妙的領域，乙太及星光體的現實層面

來自阿佩洛斯的人隨後將一系列與地球有關的影像帶回全息螢幕。我所經歷的最棒的體驗莫過於我觀看著，連同在感官上和情感上也「參與」了這有充分記載的紀錄片。我對地球表面下大量的居民區和地球內部許多不同的「浮雕」區域感到驚訝。這些區域看起來和我們身體內的神經網絡一模一樣，充滿了生命，並延伸到身體的各個部分。我從沒想過地球內部的活動會如此複雜。我現在處於一個很高的高度，從更廣闊的視角觀察到行星從地殼到地幔的部分，我可以在地球的其他地方看到前面提到的許多銀色球體，所有這些銀色球體都是為了掩蓋對那裡的知識。這些銀色球體有的小、有的大，而且有的確實很大。出於好奇，我問那裡有什麼。

在大銀球的例子中，我被告知它們不僅僅代表從地球表面到「內部」的重要通道。其中一些還掩蓋了那些地區的外星基地。例如，我在地殼中看到這樣的球體，它們對應於大西洋和太平洋底部不同深度的區域。從這些基地，我也看到了微妙的乙太網絡連接到地球內的各種其他結構或定居點。然後我問自己，這些地基是建在現有的洞穴裡，還是有必要切割岩石形成洞穴。我得到的資訊是，沒有必要切割岩石來獲得建造所需的空間，因為地殼充滿了空洞和許多已經存在的地下空洞，每個空洞都有自己的特點。我開始愈來愈清

楚地看到我所看到的行星的橫切面，觀察到地球的結構非混亂式的，而是以一種精確的方式，與黑洞中心產生的磁場線對齊，而黑洞的中心則是極其複雜的，不知何故，就像是手腳的條紋肌肉。我看到這些線的複雜重疊，延伸到行星深處。在全息圖像中，這些被渲染成在乙太層中具有不同強度及不同顏色的明亮弧線。

然後我的大腦意識到行星的地殼是由磁力線形成的，漩渦出現在其中各處的空隙。然後我明白了，由於強烈的磁場、電場和引力場的累積，物質不可能在這些區域形成，而這些空間就是在地球內部發現的空洞、洞穴和巨大的空洞。

我還看到，長石線有不同的特徵，根據它們在地球不同區域的結合方式，它們將物質向上推，形成山脈；而在另一些地方，它們被拉下，形成了巨大的山谷。

科學家們對於山脈形成管道的假設——由相互依附的板塊碰撞或相互作用形成——並沒有錯，但它是不完整的。例如，我已經清楚地看到地殼不會像現代科學告訴我們的那樣漂浮在岩漿上。

的確，地球內部有大面積的岩漿，但也有一些區域地殼是自給自足的和拱形的（基於磁力線顯示為弧線），正如我在展示給我的行星部分所描述的那樣。

因此，岩漿是一種「副產品」，山脈不一定是由於漂浮在其表面的不同構造板塊相互碰撞和推動而形成的。另一方面，它們是由於與磁、電、壓力、溫度相關的累積因素而誕生的，月球的某些運動也會引起地殼上波動的應力，並影響在這些地區表現出來的磁力線的特徵。我可以看到有一堆複雜的長石，它們的性質還沒有確定。長石線的任何波動都會導致地殼的重新排列。那裡的岩石不再堅硬，而是相當柔軟，像粘土。

我還目睹了行星中心洞產生的場線不是靜態的，而是動態的。它們不停地運動，在其結構發生變化的地方，固體物質被拉緊。在某些點上，存在間隙和張力，這些重新排列和移動會導致地震。火山活動有一個類似的解釋，根據場線（Field line）的方向，岩漿袋可以收縮或推動；在這種情況下，火山就會噴發。

於是我明白了當代科學家要理解這些現實是多麼的困難，這些現實從虛無縹緲和不可見的東西開始，最終在物質層面上大規模顯現，導致火山爆發、震顫或山體形成。在現代物理學的參數範圍內呈現屬於這種顯化的微妙領域的東西是極其困難的，因為微妙世界的規律和現象比物理世界複雜得多。無論是牛頓的經典物理學，甚至愛因斯坦的廣義相對論都不能應用於乙太或星光體的現實面。儘管對這些現象的理解是有效的，並且得到了學術界的認可，但它仍然受到大多數科學家仍然保留的觀念和偏見的限制。

岩漿的盡頭，地球的精神是創造所有一切的意識

接著，當我繼續觀察眼前這個星球的橫切面時，我看到了岩漿的盡頭，但下方的視覺已逐漸變暗且模糊了。幾秒鐘後，我開始更清楚地看到地球內部結構的這一部分。它是基於中心孔引起的引力扭曲，但「紋理」或「織物」是不同的。然後它向我展示了物理層和乙太層之間的通道是2300到2500公里左右，超過這個「深度」，大約2800公里開始，就是乙太維度。我發現這是驚人的，因為我已經從西恩博士那裡理解到，到乙太層的轉變是在1800到2000公里之間進行的。

當我提出這個問題時，阿佩洛斯人向我解釋說，西恩博士所說的沒錯，但是由於中心奇點所表現出的動力而產生的差異，這種動力可能會隨著行星精神的意識想要實現的目標而不時變化。另一方面，我們已經在本系列的前一卷中解釋了存在維度的「劃分」，即物理層、乙太層、星光層和因果層，這並不意味著這是維度平面的「切片」；也就是說，一個分層會出現一個「三明治」。因為有些讀者可能會錯誤地理解[12]。更確切地說，造出的層面是由它們特定的振動頻率來區分的，每一個都落在一定的範圍內，但是它們與物理層

12　這部分在第五卷《地球第二隧道》中有很詳細的解釋，二〇一七年，第58—60頁。

面共存。這種現實就像在同一個空間共存的無線電波。它們不會「混合」，但只要收音機切換到特定頻率，就能夠觸及得到。

當然，在某些情況下，也可能存在由能量異常產生的「干擾」。就我們的星球而言，物質的振動頻率從某個「深度」開始增加，並開始與乙太平面的振動頻率共振，這一方面取決於接近中心奇點或黑洞。那麼，當一個人從一個微妙的維度移動到另一個維度，一直到圍繞中心奇點的因果面，振動頻率的變化是否會發生呢？然而，應該理解的是，正是在這個「中心」，這些微妙的層面並不是獨立存在的，而是由於黑洞的存在及其在地球中心的神秘性質而存在的。

在我所看到的地球橫切面中，有一些大致呈錐形的圓錐狀結構，指向中心的黑洞。這讓我很驚訝，因為當我真正

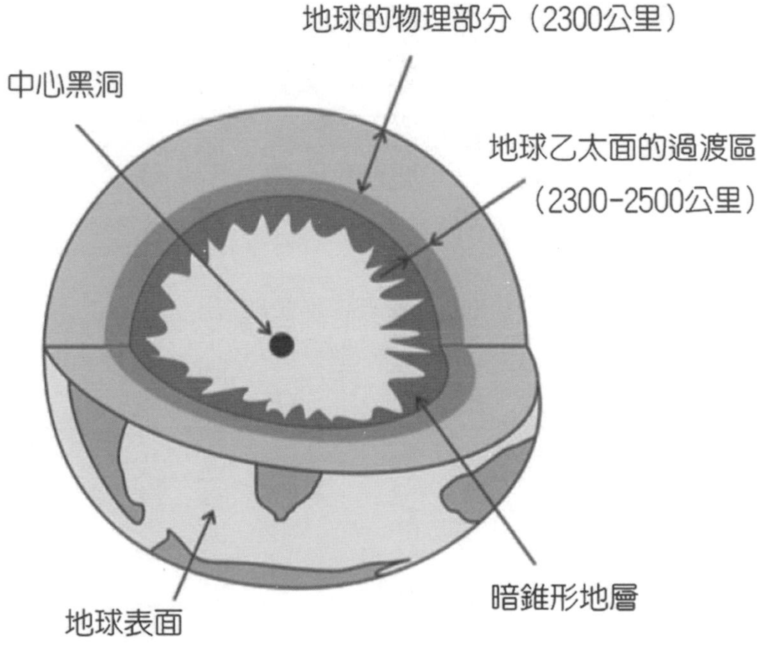

進入這個星球時，我看到了海洋、地球和植被，但當我透過這個特殊的頭盔看的時候，似乎有一個黑色的空洞，上面有那些圓錐形的構造。

我一想到這些問題，影像就發生了一點變化，以一個小角度旋轉，然後我發現自己正看著行星的中心，就在黑洞的上方。我立刻意識到，你所看到的在不同的地區有所不同，都取決於你所觀察的地區的振動頻率。我被「安置」在黑洞中心的正上方，這時我注意到了一種閃光，一種我從未見過的奇妙的光輝。

我理解觀察到詩意宏偉的美麗現實對我來說非常重要，而這幾乎是無法描述的。在觀看的那一刻，它給人一種恍惚的狀態，一種懷舊的快感，甚至一種神秘的色調。這種景象幾乎是催眠性的，不可能準確地複製，而且無疑不會在我們的地表世界中被看到。

正如已經呈現給我的那樣，這種表現形式代表了天體，包括孕育了我們星球的天體精神。它神秘的光芒觸發了一種絕對的迷戀狀態，但即使我欽佩這種現實，我仍然充分意識到發生在我身上的事情和我在地表世界的位置。

在那種迷戀和驚奇的狀態之後，我的第一印象是來自這個祖先精神的美妙的溫柔感。而且，與一般的信仰和人類神話中所寫的相反，地球的精神或代表它的微妙實體是男性，而不是女性。當那壓倒一切的瞥見也傳達給我陽剛之氣的力量和尊嚴時，我立刻明白了這一點。

當人們和深奧的傳統把蓋亞（Gaia）稱為「地球的精神」時，他們實際上暗指的是蓋亞的生物能成分，即存在於地球表面和內部的生命。這就是為什麼蓋亞（Gaia）很快被認為是地球的靈魂，這個術語暗示著它的生命和活力。

另一方面，地球的精神是創造所有一切的意識，它代表了星球本身，具有雄性的性質。在理解一切均基於極性的表現定律的背景下，這一觀察很重要。因此，一個星球的男性精神創造了它賴以形成的力量線，對應於一個女性的性質，她是維持和發展生命的星球靈魂。

我幾乎被我所經歷的深刻印象所淹沒，我被允許安靜地、不受干擾地消化一個超然的景象。我感謝兩位來自阿佩洛斯的人的尊重和理解。同時，我對這些影像的觀察，很快就變成了沉思，既不是被動的，也不僅僅是單一意義上的。幾乎立刻，我就感覺到我所做的非常深刻的「接觸」實際上得到了回報，因為我當時感覺到一種類似於允許你進入一個受到良好接待家庭的心情。

地球內部的乙太維度對應金星的大小，星光維度對應火星的大小

我逐漸從恍惚狀態中走出來，重新開始仔細觀察地球的橫切面。我明白，即使從我們的角度來看——從度量角度來說，與物理層相對應——地球內部的乙太層開始於地球固體表面以下約2500公里的地方，內部的空洞更大，因為那裡的空間度量在另一個空間中，不同於物理平面的尺寸。

我通過心靈感應得到的資訊是，我們星球的內徑，就其微妙的維度而言，大致相當於金星的直徑，非常接近地球的直徑。阿佩洛斯人向我解釋說，科學家們有很多困惑，因為他們說，進入「地球中心的空洞」並沒有得到一系列互補的因素、法則和量測結果的支持，而這些因素、法則和量測結果將證實這一觀點。

然而，在這種情況下使用的定律、係數和測量值屬於物理層，然而，在超過一定深度的行星內部，我們進入微妙的乙太維度，然後進入更微妙的維度，在那裡對地球表面的量測類型不再適用。

其中一個問題是，那些在地球內部和談話的人認為這個區域非常大，這導致了一種解釋，即地殼必須非常薄。當我看到這一點時，我發現科學家們在這個方向上的責備確實是錯誤的。如果使用行星表面的度量（即物理層的度量），科學家對此方向的批評確實是有

效的。然而，其他能量和其他現實在地球內部表現出來，它們特定於乙太層，並具有另一種度量，另一種空間和另一種時間表現。因此，我們不能簡單地以一個已經習慣了——的現實為例，例如，我們生活的表面上的那個——並在任何條件下都可以將其應用於任何地方。

因此，進入乙太維度需要我們的能力來適應那裡的現實和適用的度量。與此相關的是馬雅人的曆法。雖然他們的一年是260天，這個數位相當接近金星上的一年，他們的行事曆與此無關；相反，它實際上是基於地球內部一年的持續時間，其內腔的「乙太直徑」接近金星的物理直徑。[13]因為我已經在烏特克拉哈，遇到了從古老而特殊的馬雅文明中傳承下來的一家人，我一點也不奇怪，他們正在計算自己的行事曆，並將其與地球內部的行事曆相關聯，就像今天的大公司、銀行和飯店在地球的不同地區計算時區一樣。地球內部的空洞有兩個重要的季節。它向我表明，儘管在我們星球的兩極表面沒有一個真正的物理空洞，但地球的運動方式以及太陽光到達地球南北的事實都有著重要的影響，因為光和熱帶來了能量，並導致了地球內部生態系統的一些變化。即使我們星球中心太陽的亮度——它實際上代表了黑洞在其中心的影響——幾乎是恆定的，太陽在外太空的影響導致我們星球

13 在金星上一年大約是225天。

內部的一些變化，帶來更多的降雨或延長乾旱，特別是在北部和南部地區。然而，地球內部的中心區域具有一定的溫度穩定性。給我留下深刻印象的一個特別的方面是，當它向我展示，在某些時候，物質層和乙太層以某種管道「排列」在一起，只要它們在某些區域，內在的存有們就可以看到夜間的恆星。正是通過平面的這種精確關聯才有可能。

我現在對地球中心部分的細節更清楚了。我特別注意到許多茂盛的植被和非常高的山脈，它們垂直於太平洋。中央的太陽有一個發光的光，我可以直接觀察到這一點，這得益於特殊的耳機科技。它的光強度約為55—60%，而到達行星表面的光來自宇宙空間中的太陽。我也收到了內太陽的直徑是幾百公里。從心靈感應，我知道大概有700—800公里。

從一個地方到另一個地方，我通過放大效果看到了各種細節，特別是在土壤和水中的動物的部分。我微笑著觀察著飛行中的翼手龍和其他恐龍，心想也許那些寫作或拍攝關於地球內部的電影的人並不是無意識地這樣做，也許只是獲取了一些早已被遺忘的資訊。事實上，這樣的資訊是非常真實的。例如，恐龍和我們從博物館或古生物學書籍中了解到的一模一樣，但我還是知道它們比很久以前在地球表面遊蕩的恐龍要小一些。

然而，我還沒有看到破壞或干預自然和諧的遊戲，比如人類在地表世界所產生的遊戲。例如，沒有水電站或其他此類工業開發或污染。取而代之的是，在人類和存在於那裡的特殊自然之間有一個完美的交流。它也向我表明，我們的星球，無論是外在的還是內在的，絕對沒有任何特徵是無意的。

更確切地說，顯化的方方面面是一個直接和非常明確的決定，決定了產生它的雄性意識。無論是地球在太空中的具體位置，還是它從太陽接收到的光或熱的數量，以及它所具有的密度、質量、體積等其他特徵，都是其精神意志的體現，而這種意志是由黑洞的中心決定的。例如，在觀看這些影像時，我心靈感應得到的知識是，從地球形成之初，代表它的微妙實體就決定了它的表面將有某種生命，這樣某些靈魂就可以來到這裡擁有必要的物質體驗。不時地，基本上是地球的實體或意識改變行星的綜合參數，使ＤＮＡ能夠根據所希望的改變而改變。所有這一切，因為它是通過一個深刻的心靈感應理解傳遞給我的，與我們所在的整個宇宙，與我們周圍的宇宙周期和能量完美地相關。

接下來，參照地球的視覺橫切面向我展示從乙太層到星光層的轉變。這個轉變的直徑和火星差不多。[14]當然，給出這些類比是為了呈現一個更清晰的內在維度的心理圖景，但我們不能忘記，在每一種情況下都有一個不同的衡量標準。

例如，以金星的直徑為例，這種類比與地球內部乙太層維度容量的大小相關。另一方面，通過與火星直徑的類比，可以得出「內部」地球星光層區域大小的概念。換句話說，

14 地球直徑約１２７００公里，火星直徑約６８００公里，幾乎是我們星球的一半。

如果我們使用我們所居住的物理層的度量，地球內部的乙太維度將有金星的大小，而星光維度將有火星的大小。

我發現非常有趣的是，如果我們將其與物理面的度量聯繫起來，那麼我們地球內部的因果面大約對應於月球的大小。也有人認為月球的大小完全不是偶然的。雖然我現在知道了月球的真實成分，它的起源、它代表了什麼，以及它出現在我們星球旁邊天空中的原因，但在那個特定的時期我並不知道這些。這些問題的細節將在下一卷中介紹。然而，有人向我解釋說，我們這個星球的靈魂想要擁有自己的「鏡子反射」，從月亮出現在天空的那一刻起，月亮就是那面「鏡子」，尤其是由於它強烈的女性特質。

因此，到達地球的資訊是通過月球表面控制的。在宏觀宇宙和天體層面上，所有這些元素——無論是來自地球外部還是內部——都是一種非凡的體驗——在地球上結合。這段經歷讓我直觀地認識到，對我們星球的影響實際上比僅僅形成一個天體或在其表面出現生命要深刻和複雜得多。

在這最後一次演示之後，圖像被打斷了，兩名阿佩洛斯人（他們都認真參加了我的「小提示」）告訴我，傳遞相關訊息是他們的任務。

鑑於我來的原因，我感到有些困惑。也就是說，要從伊拉克的神秘密室得到一些關於失蹤水晶的資訊。

就在我準備談論這個問題並提出我觀察地球橫切面的經驗如何可能解決這個問題時，阿佩洛斯的負責人告訴我，這可以通過我戴著的特殊頭盔來實現。

「這是我們送給你的禮物，」他說它將幫助你解開圍繞在伊拉克的椅子及其水晶的謎團。聽了這話，我感慨萬千，感激不盡，想不到這麼先進的技術會留給我們使用。這是一個偉大的舉動，使我更加珍惜我們之間的友誼。

在告別和離開阿佩洛斯的人之前，他告訴我，我還將在那裡進行兩次訪問，這是根據他從阿佩洛斯的高級智者那裡得到的資訊。他透露，這些訪問旨在向我提供有關人類未知歷史的重要資訊，以便以連貫和清晰的方式將其傳播給公眾。他還向我展示了舉行這些會議的確切日期和時間，並評論道，在第一次會議時我將會有一個驚喜。

第2章

無法超越維度的地平說的錯覺：思維拉開了人類的距離

地平說運動的追隨者無法從物理平面（三維）跳到乙太平面（四維）。當我們談論時空連續體的時候，你眞的有一種感覺，事物是水平的，是一個「連續體」，然而，這只是爲了便於我們理解，因爲事物實際上並不是以這種方式存在的。我們從三維移動到四維，考慮到「時間」和「空間」是統一的，即三維加上一維。「地平」的概念更多的是二維現實或介於二維和三維之間的東西，那些以如此堅定的信念表達和相信它的人也生活在三維物理現實中，三維實際上不是三個空間維度，而是只有兩個空間維度，這是一個重大的倒退。這就是爲什麼我們不能把更高層面的情況應用到這個世界上。

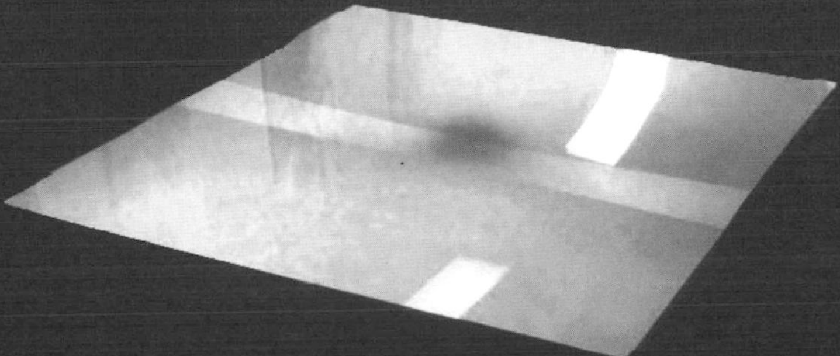

接下來的兩天裡，我整理了檔案，但主要是解決即將到來的探險活動的溝通和組織問題。

此外，我還調查了資料庫和其他過去的資訊筆記，以找尋與阿佩洛斯人提到的「陰謀集團之家」門戶有關的參考資料。我所看到的幾張全息圖給我留下了深刻的印象，我想知道事情是如何發生的，無論是從特勤局的經驗角度，還是從參與此類特殊案件的人的反應類型來看。我特別關注德國和美國的資訊，因為我懷疑觀察設備為我提供的該示例並不是偶然的。這方面肯定會有一些資訊，我所要做的就是要麼仔細看看，要麼問問我們的外國同事可能在哪裡。雖然我幾乎不停地工作，只休息了一會兒，但我意識到，在我穿過第三條隧道離開之前，不可能再見到阿佩洛斯的任何人。我對此感到有些不滿意，因為即使幾年前在投影廳的全息圖像中已經向我展示了一些事件和情況，我仍急切地想研究人類的過去，但是根據我的計算，如果我通過將一些任務委派給尼古拉中尉來有效地管理時間，我有機會獲得與阿佩洛斯的邀請相對應的特別資訊。我不完全理解為什麼要等到探險時才召開兩次會議；雖然這顯然帶來了壓力，但我懷疑這是基於某種必要性，可能是由和這項活動有關的「時間視窗」所決定的。

地平說是這個時代的「淘金熱」

根據隱藏著多維度交互之大門的「陰謀集團之家」的參考，我發現了一張我以前從未見過的資訊性便條，它漂浮在我桌上的幾十張便條中。一般來說，我更喜歡電子形式的工作，或者等待數位格式的筆記或檔案，但是考慮到我對維度門戶的特別興趣，我決定檢查我桌上的所有東西，包括最新的事件。

我不知道原因和方法，但我發現的資訊被忽略了。在查閱筆記和資料摘要後，我發現了一個名為「地平——參考資料」的活動，我聽說過這樣一個「運動」在人們中掀起了一些波瀾，但我從未想過它會成為我們部門的一個主題。這種想法的錯覺是顯而易見的，特別是對於那些從外太空的角度對我們的星球有很好的判斷力和個人經歷的人來說。我有點困惑，不知道是否應該閱讀關於地平說的幾頁摘要。我找到尼可拉中尉，問他這件事。他告訴我，這些資訊來自另一個SRI部門[15]的運營部門，具有二級通告的地位。

中尉明確指出，這一資訊傳到我們部門的唯一原因是因為它在世界上引發了異常的「現象」，但在我國，「追隨者」數量相對較少，比例也比較合理，地平說似乎是我們這

15 SRI是羅馬尼亞情報局的縮寫。

個時代的「淘金熱」，在我看來，這種反常現象唯一的優點是，如果我們考慮到當代科學技術的進步和人類目前擁有的科技，它可以讓你無言以對，甚至處於「震驚」的狀態。我可以理解，幾百年前的偏執和其他晦澀的興趣擴大了知識的缺乏，這可能會佔據相對少數人的頭腦，但要使其發展到21世紀國際運動的水準，這是不合理的。從天國的角度來看，我想知道人類的愚蠢是否能超越這個水平，但我不太相信這種前景。

然而，即使是最離奇的現象，也要考慮進去，至少要考慮到群眾和他們的意見，這是特勤局的任務之一。我確實讀了摘要，其中非常清楚地揭示了問題的要點，但沒有給出任何結論。

嚴重倒退回中世紀

同一天晚上，我利用塞薩爾正是空閒的時間，與他分享了地平問題，更多的是將其作為社會案例來介紹，而不是一個研究方向。塞薩爾大聲笑了起來，談了一會兒這個話題，然後突然轉向一些非常有趣的問題。

他告訴我，三到四年前，這個問題被介紹給他，並與情報部門的其他同事進行了討論，因為有跡象表明這一想法正趨向於成為一種共識。出於對讀者的尊重，我通常不會在我的系列叢書中加入這樣的討論。它只需要一點點的智慧和最少的科學訓練就可以理解，支持這種理論的論點等於無知和狂熱。

然而，除此之外，塞薩爾還揭示了一些心理暗示，似乎對一般知識和社會經驗有一定的重要性。

在與塞薩爾討論地平說時，第一點涉及到大量的追隨者。「這種奇怪理論的追隨者人數增加的機制與人類的隔離有關。」塞薩爾說道。「好像人口被分成兩個不同的類別，但這種分離實際上是基於每個人的意識水準，這與他們的振動頻率直接相關。」

「但是，」我回答說，「我不知道是什麼導致了這次爆發，愈來愈多的人毫無意義地堅持這些『論據』。更像是一種愚蠢的病毒。」

「這種思維模式的重大變化並不像人們通常所理解的那樣，與當今世界已知的東西處於同一波長。也就是說，這樣的新思想與我們這個時代的知識無關。這是一種有效的方法，因為地球是平的，這一想法得到了神秘因素的有力支持，也得到了那些熱衷於看到事物停滯不前、不進步者的支持。這是最好的控制方法：讓人們脫離現實，讓他們做無稽之談的夢，支持他們的幻想，並鼓勵他們進行投射。因此，是通過將大眾想要的東西強加給他們來控制的。地平思想的追隨者，堅信它，會尋求與他人相遇，聚集，甚至將自己與他人分開，因為他們會把別人視為被謊言欺騙的傻瓜。換言之，他們將確信自己是『發現』真相的人。雖然聽到這個消息很難過，但不幸的是，情況是相當真實的。」

「雖然我眼皮底下有這份報告，但我不敢相信它已經到了這個地步。我覺得這是一個醜陋的夢，好像世界上有一部分人自願倒退了幾百年。這就是我的感覺。令人難以置信的是，今天人們的思想仍然會受到妄想的影響，這種妄想不僅蔑視像樣的智力，而且蔑視科學推理，使一切都變得狂熱。看看這些結果吧！」

我展示了塞薩爾估計的數字和圖表。

「我知道。我們已經和其他同事談過了。」他說。

「你的驚訝正是由概念化和振動頻率的巨大差異所證明的，人們之間已經開始感受到了。這是一個隨著時間的推移而日益突出的現實，不容忽視。這是我告訴你的隔離的一部分。原則上，人們與那些正在進化的人以及那些喜歡停留在純粹物質的、粗糙的或非自願的群體中的人進行互動。那些在第一類中的人完善自己，認識到地球上發生的變化，並經歷某些情緒狀態和特定的感覺。這就是為什麼有些人以中世紀的思維方式思考問題是不可思議的，比如地平說的追隨者。」

塞薩爾看到了我臉上的驚愕，趕緊再次證明他說的話。

「是的，我沒有誇大其詞。這是對中世紀的回歸，因為這些人無法進化；相反地，他們回到一個更陳舊的意識狀態，更接近他們真正的意識水平。」

「為什麼他們不能進化呢？」我驚訝地問。

當然，我知道答案，但能捕捉到塞薩爾的解釋總是一件令人高興的事。此外，一直有一種新的元素可以豐富我的知識。

「因為他們吸引到事物的當前狀態和地球更高的振動頻率無關，這一特徵正愈來愈明顯。」

「對於地平說的追隨者來說，他們的慰藉在於對這些原始思想的狂熱，隨著自由精神和思想被阻擋，這些思想得以維持。在宗教裁判所期間也是如此：一套愚蠢和錯誤的觀念被提升為法律，任何違反這些觀念的行為都會被強制執行。」

當我想到這一切的時候，我希望我是錯的。

「我們回到中世紀了嗎？歷史掀起了一波席捲極端的觀念浪潮。古代的人已經知道地球是圓的，但到了中世紀情況惡化了[16]，當時出現了現代科學復興，但這只是為了讓我們現在倒退回中世紀嗎？」

塞薩爾平靜地回答：

「我們沒有；但對於已經退化的那部分人來說是的。有幾個因素促成了這一點。地平說的追隨者對他們的觀點固執己見而感到憤慨，他們拒絕根據真實的論據和證據進行邏輯或理性的思考，還有對證據的否認，並以欺詐的方式為自己的立場辯護。一般來說，這是一種掩蓋狂熱的傳教。」

16 作者無疑是指畢達哥拉斯和亞里斯多德所共有的知識，他們都斷言地球是圓的，以及埃拉托涅斯在古亞歷山大所作的論證。

地平說的心理因素，思維拉開人的距離

我們注意到，每當狂熱盛行時，社會就會面臨缺乏洞察力和個人自由的限制。塞薩爾給我舉了一個例子，更好地解釋在一個相對發達的文明背景下，如何可能達到這種困境。

「這種現象和量子物理學中的現象是一樣的。如果有足夠的能量，電子就可以躍進更高的軌道。如果沒有足夠的能量，則可以保持在略高的水準，並且相對穩定；但在某個時刻，剩餘的能量會以光子的形式釋放出來，而電子會回到最初發現它的軌道上，回到它開始的地方。在量子物理學中，這是電子的基本軌道。換句話說，具有這些特性的電子會回到它們有安全軌道的水準。」我緊扣主題，插話進來。

「我知道，縱觀人類歷史，地球是平的觀念長期存在於一些宗教中。現代天文學從此得到了廣泛的發展。天王星，海王星，而冥王星只被發現了大約兩百年。從這個意義上說，地平說其實並不是很古老，它的記憶仍然是新鮮的。也許這就是為什麼有些人類會回到它以前所知道的狀態。」

「這也是另一個因素，」塞薩爾承認「在任何情況下，人類社會正在從『佔有』轉變為『感受』，即占有感、利己主義、競爭和暴力傾向於逐漸被純粹和積極的情感和感受所取代，而愛、利他主義和同情心是這些情感和感受的根本。」

我有點懷疑。

「這很難讓人相信，因為我們幾乎所有人都看到了這些負面表現的擴散。」

「乍一看，可能是這樣。然而，請記住，地球上大多數人沒有受過教育，他們『訴諸』於這種競爭、金錢、商業和缺乏靈性的幻覺。大量沉迷於這一夢想的人，傾向於反對那些只以精神價值觀為指導，尋求有明確意義的純淨生活的人，在這一點上取得了平衡。這就是我們所說的隔離。」

事實上，塞薩爾想說的是，每個人都被邀請參與人類和我們星球的偉大精神轉變，帶著渴望和尊嚴要求他的生命是光、靈性和希望的萌芽，我們可以進入一個光明的未來。這是一個極好的理想，但迄今為止，遵循這一理想的人太少了。

更高的層面的空間和時間，宏觀世界的規律

例如，思考「地平」的概念，我想迄今為止科技的進步，這樣的想法——無論是從概念的角度還是從存在的現實來看——頂多也應該算是個笑話。然而，由於其細微差別，問題似乎並不那麼簡單。在這個問題上，塞薩爾給了我更深刻的觀點。

他解釋說：「這一理論的擁護者將某種微妙的感知與現實相混淆。」東方神話中確實有這樣一種說法：四頭大象、海龜甚至鑽石背負大地。但是，你有這樣的設想，時間和空間具有相同的價值。物理世界，也就是我們的世界，有三個空間維度的特徵，顯然，還有一個獨立的時間維度。

我們可以這樣說：3—D（空間）＋1（時間）。如果我們只談論空間維度，那就是一個「三維」世界。這種情況之所以如此，是因為我們是在利用時間穿越空間，但你們已經知道，在現實中，根據相對論定律，空間和時間是「一起運作」的。如果你認為它們是不可分割的，那麼空間曲率對你來說並不重要，比如地球的曲率是一個球體。這就是東方先哲所認為的，在傳統上，地球被描繪成「扁平的」。像盤子一樣伸展或像球體一樣圓，對他們來說都是一樣的，只是「扁平」的說法可能更容易表示。這種現實無法很好地集成到物理層面中，因為它優於物理層面。提出這個問題的方式對我來說也是新的。稍有預

感，塞薩爾的後續解釋將被我在接下來的兩次與阿佩洛斯人的相遇中，在全息螢幕上看到的東西所證實。塞薩爾繼續向我解釋。

「比如說，假設你做了一個清醒的夢，或者有意識地決定從地球到月球，而不穿過物質層中位於它們之間的空間，就像你從一個花園散步到另一個花園一樣。如此類推，從地球到太陽，從太陽到土星，等等，您在不同的天體之間行走，但仍然在一定的範圍內，通常在我們的銀河系中。實際上，在這些天體之間沒有任何『空位』。如果你隨後從星光層回到乙太層，你會注意到差異，因為你不能在物質層做同樣的事情，在物質層可做的事情要少很多。」

「你說『這些天體之間沒有空位』是什麼意思？」我問道。「那它們是怎樣的？」

「更高的層面上採取的是其他形式的法則，你不能聲稱你僅僅通過操作物質層面的物理定律就能理解那裡存在的現象。這差別太大了。在星光界中一個事物、一種存在或一種現象的振動頻率是非常重要的。這不像在這裡，一個卑賤的人可以站在一個廉潔的人旁邊，或者一個騙子可以欺騙很多誠實的人。在那個地方，你只能在與你個人振動頻率相匹配的『空間』和團隊裡。你不能像在物質世界中那麼普遍地欺騙；這就是說，你到不了和你振動頻率不相符的地方。」

「如果我仍想去比我的振動頻率高的地方，會怎麼樣呢？」

「你只能接觸到位於你之下的較低頻率，但不能進入那些你無法觸及的頻率。即使你試著這樣做，你看到的空間也是模糊的，甚至變得不透明。這給人一種感覺，事物以某種方式被連結或『捆綁在一起』，沒有空間將它們分開。」

「那麼，空間和時間有什麼連繫呢？它們是統一的還是不統一的？」

「連繫是，如果你從高層次看向低層次，身體之間沒有空間，因為空間和時間是統一的，但當你回到物理層面，從當前思維體系的角度來看待事物，也就是三維和時間，那麼就算是數學的計算也表明，物質結構的最有效形式是球形，因為沒有其他合適的方法。這就是說，沒有其他模型能夠解釋物理宇宙的性質。因此，一個長方形的盤子或長方形的板子並不適合在這個平面上描繪地球的影像，因為它們既不可識別也不適合微觀規律。因為它們既無法識別，也無法適應宏觀世界的規律。那些試圖相信『平地』概念的人缺乏精微的觀察能力，然後不惜一切代價努力將這些想法注入物質層面，訴諸於各種各樣的『解釋』和『觀察』，從而使那些軟弱無知的人感到困惑和充滿疑慮。」

然後我提出了一個觀點，當物質處於真空中時，在沒有任何外部干預的情況下，即使是水也傾向於呈球形。

「是的，」塞薩爾說，「這正是宇宙虛空中大規模大地天體的情況。然而，在它們變成球形之前有一個最小限度。例如，行星的直徑需要達到500公里左右，引力和其他類型的力量才會強大到足以構造出球形物質。」

塞薩爾還告訴我，這種怪異的地平說運動的追隨者之所以採用這種變體，是因為他們無法從物理平面（三維）跳到乙太平面（四維），所有這些都意味著空間和時間的統一觀。[17]當你無法做到這一點時，你就「濃縮」成三維，甚至更低。

他用下方的公式向我解釋了這件事。物理平面以三個空間維度為特徵，這些空間維度通常通過三維軸系統以圖形方式呈現：x、y、z。但是，當我們把時間作為一個變數加到這個軸系中時，在經典的三維系統x，y，z中就再也找不到這三個軸了。

為了方便解釋，我只顯示Ox軸上的運動，因為它更容易跟踪。

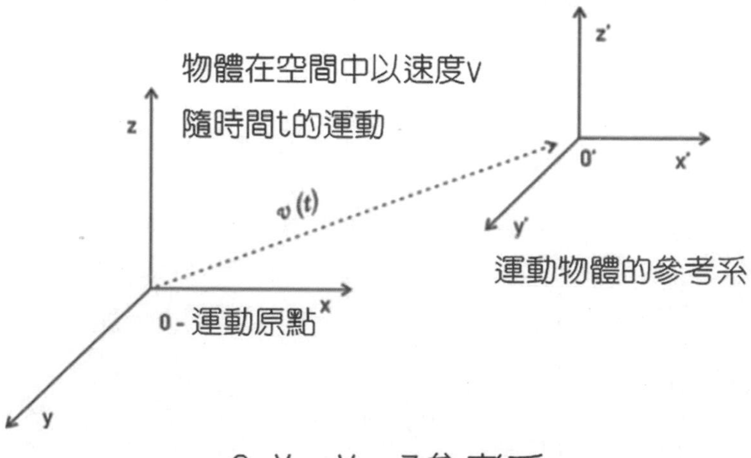

O-X，Y，Z參考系

17 愛因斯坦的狹義相對論正好適用於物理層面：它取代了四維時空連續體（閔考斯基時空）中的時空分離。

「當我們談論時空連續體的時候，你真的有一種感覺，事物是水平的，是一個『連續體』，」塞薩爾接著解釋道：「這與體積無關。它就像一張寬大的紙，天體物理學的表述也顯示了這個連續體實際上是二維的，就像一張『網』。」

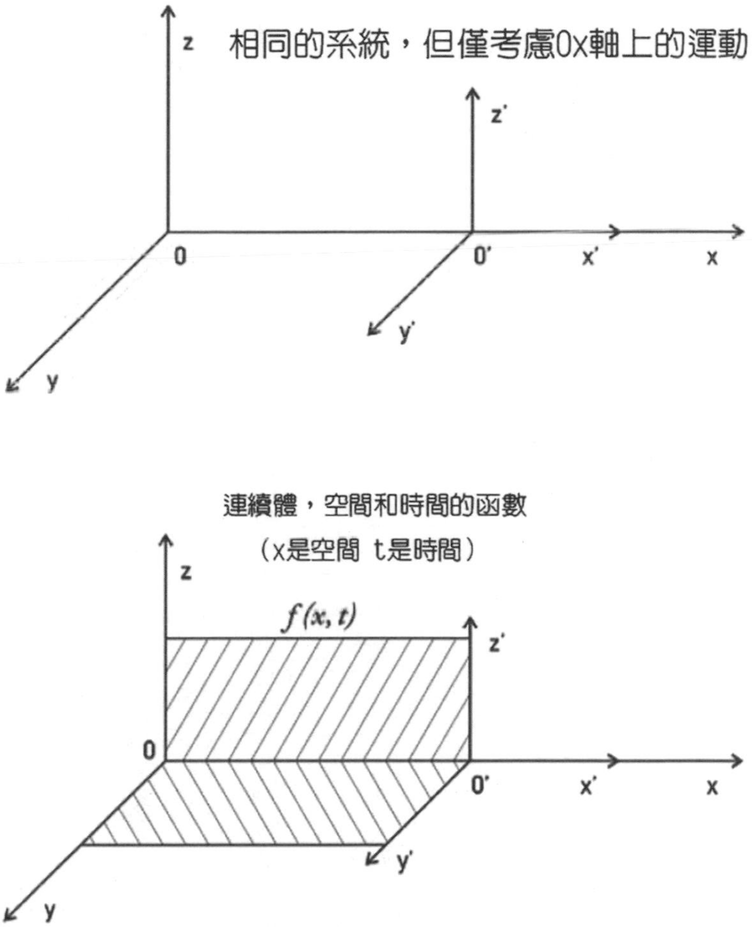

時空連續體的表示
（在0X軸的特定情況下）

「然而，這只是為了便於我們理解，因為事物實際上並不是以這種方式存在的；相反，它只是物理學的一種符號或慣例。關鍵是，如果你不能接受這個概念，不能在你的頭腦中消化它，那麼你將回到你所知道的知識上；也就是那些更容易理解，並且是屬於過去的東西。」

「很好，」我說，「那麼他們將會回到三維，也就是說，回到物理維度。」

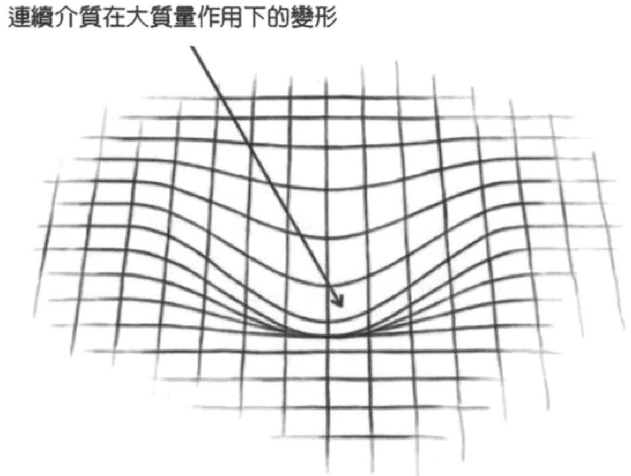

物體的二維表示
作為「網」的時空連續體

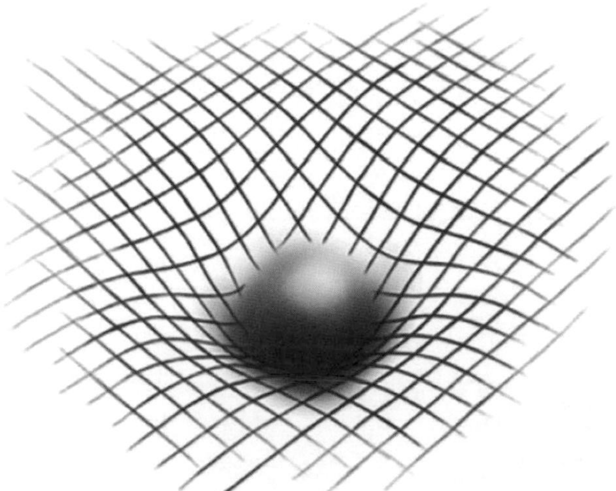

由一個大型物體（如行星等）引起的連續體變形

「一點也不，」塞薩爾回答。「對我們來說，三維顯然代表了三個空間維度。我們從三維移動到四維，考慮到「時間」和「空間」是統一的，即三維＋一維。另一方面，地平說的追隨者說他們也是這樣做的，但是如果我們把地平作為一張紙來分析他們的想法，三維實際上不是三個空間維度，而是只有兩個空間維度，他們在其中加上時間，即2－D＋1－D。他們的印象是有三個維度，但實際上，他們只指兩個空間維度，因為第三個維度，即高度，相對於其他兩個維度來說可以忽略不計。這是一個重大的倒退。」

「這就是為什麼你說我們不能把更高層面的情況應用到這個世界上。然而，即使『地球平面』的概念更多的是二維現實或介於二維和三維之間的東西，那些以如此堅定的信念表達和相信它的人也生活在三維物理現實中。這是不可否認的。」

「毫無疑問，在這裡你傾向於用白紙黑字來陳述事情。在現實中，到處都有過渡地區。對於那些移動到四維時空連續體的人來說，那些可以說是在宇宙中提升的人。在某種程度上，這個過程還不是確定的，我們可以在心理上把它與一種3.5維的空間連繫起來。當然，這在目前是一個過於簡單的解釋，但至少它有直觀的優點，而且它為理解三維和四維之間的區別真正意味著什麼提供了一個初步的基礎。我給你們的「中間」數位是不自然的——也就是說，在2－D和3－D之間，或者在3－D和4－D之間，只是暗示了一種狀態，一種某些人在某個時候可以達到的意識水準。另一方面，對於那些支持地平說的

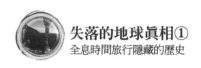

人，我們可以討論一種2.5維模型；但對他們來說，這種轉變是低劣的，這一事實本身就有點戲劇性，因為有些人的下降幅度相當大，特別是從道德和心理的角度，很容易從全球形勢的簡要分析中看出。所以，他們回到他們感到安全的地方，在一個允許他們個人意識顯現的水準上，只是這個水準非常粗糙。」

人與人之間的隔閡

聽了塞薩爾的話，我幾乎陷入了哲學思考，因為我無法接受我們所處時代的現實。例如，如殘暴的邪惡和崇高的善等如此不同的態度，如何能在同一平面上並存？我在與塞薩爾的討論中提出了這個問題。

「在物理層面上是可能的。然而，近年來，我們正處於一個邁向乙太層面即4－D的過渡的時期，即使這種行為和態度在物質世界這裡可能仍然存在，但它適合當前的情況，因為這樣的行為和態度出現得更快、更堅定了。目前，由於個人振動頻率的降低，許多人都會做出應受譴責的、粗俗的和不合邏輯的行為。它就像是個人意識的一種壓縮，因為它抵抗能量的上升，抵抗我們星球總體振動頻率的放大。這就是為什麼物質層中這種怪異理論的追隨者，他們說地球實際上是平的，他們下意識地想把自己從高頻率中分離出來，正是為了保持適合他們和他們習慣的振動頻率。這導致了人的隔離。[18]它是意識的『收縮』，

---

18 在第三卷，《埃及之謎：第一條隧道》（二〇〇七年，第248頁）當中的一篇文章裡，塞薩爾對社會中的親和力法則和價值觀隔離作了類似的評論。

「（……）人類近期未來命運的一部分是由人民缺乏團結，以及他們對什麼是好的、積極的、真實的和有價值的看法有難以置信的模糊認知。很多時候，這種態度會退化為愚蠢的傻事，」他當時向我解釋說。

「那些有誤導性、教條性和觀點反常的人，拒絕許多常識性的問題，或者缺乏能夠把許多事情變成善的

是分離；這就是為什麼它是一種頹廢：因為它們迄今為止已經進化成不穩定的存在軌道，無法維持在那個水準。」

在分享我自己的看法之前，我思考了一下。

「的確。人們按因緣關係分組。我們也看到好的、利他主義的和積極的組織以一種優越的方式存在，但也有許多是壞的，甚至是破壞性的。人是根據每個人表現出來的傾向來『分配』的。讓我非常驚訝的是他們是如何能在同一個空間裡的。很明顯，從這個角度來看，物理層面是從這個角度顯現出來，但同時，它代表了進化的巨大風險。」

「但是，如果你做正確的事情，正確理解自己的經歷，這也可能是一個很好的機會，」塞薩爾說。「然而，對於觀察到並在同一類型振動下共振的群體來說，這是事實：人們根深刻的精神方面，他們甚至不願意進行對話。在某種意義上，他們想像自己是唯一能做任何事情的人。事實上，他們不能從實際的角度做任何事情，但他們仍然聲稱自己是真理的唯一持有者。」

相反，我問塞薩爾：「好吧；但那樣的話，為什麼所有的力量都不聯合起來，以改變邪惡的平衡，使之更好？」

「不要忘記，在任何情況下，惡都不能與善結合。一直都是這樣。惡人必逃避善人，惡人必逃避善，因此，你所建議的聯盟無法實現。你只能實現善與善的結合，因為相互導向的人說的是同一種語言。團結只有那些在心理、情感和精神層面上有密切關係的人才能實現。舉個例子，如果你是好人，你就不能有一個非常壞的朋友，因為這種友誼是站不住腳的。沒有相似因緣關係的地方，就不可能統一團結的心、手足之情或同情心。」

據親近的因緣關係聚集在一起，因為這是一個普遍規律。例如，看看那些已經達到四維或接近四維的人，因為有這樣的人對世界有相當廣泛和一定的理解，他們吸引了周圍有著相同志向的人，他們正在逐漸提升自己，聆聽甚至練習某些向他們展示的靈性技巧，直到他們自己達到四維水平。其他『墮落』的人已經達到了狂熱的程度，這就是眾所周知的『中世紀地區』，其具體表現是：世界及其存在的宗教觀念。他們認為我們『迷失了』，因為『我們看不到真相』。但是，這個『真理』是他們的真理，是中世紀的遺物，根植於無法正確理解事物之中。這也是一個常識造成的問題。」

「這種反應發生在那些連解釋都聽不進去的人身上，因為振動頻率的差異是相當大的，」我說。「無論你說什麼，你所展示或證明的任何東西，都會被事實和先驗地拒絕，是的，這是人類的愚蠢之處何在。」

「不僅僅是愚蠢，」塞薩爾說，「還有無知，因為它們常常相輔相成。例如，對於那些堅持與中世紀相對應的思想和心態的人，你可以注意到他們不知道量子物理學的基本原理，所有這些都導致了對能量如何在這樣一個水準上傳遞的理解。取而代之的是，他們有時會援引這些原則，並從一個安全和權威的立場對它們提出質疑，但他們意識的振動頻率不允許他們理解量子的現實。此外，他們把電子想像成物質的粒子，繼續表現出對量子場及其客觀現實的懷疑。換言之，他們想通過物理層面的知識和概念來『解決』量子世界，但這就像試圖把一把巨大的法國鑰匙穿過針眼一樣。他們對能量的含義缺乏瞭解，這迫使他們機械地回到四百年前的經典牛頓力學的原理。」

我若有所思地說道。

「這在未來可能是危險的。如果愈來愈多的人在尋找這種『安全』的想法，那可能會導致某種社會分裂；不一定是國家之間的衝突，而是社會隔離，就像你說的那樣。」

「是的，可以。不過，讓我們希望不會是這樣，」塞薩爾回答著，臉上帶著悲傷的微笑。

狂熱與無知

我們都沉默了一會兒，然後我開口了。

「從報告中，我注意到他們缺乏理性和知識，尤其是他們的狂熱。似乎任何討論都註定要失敗，正是因為這種狂熱容易表現在那些智力訓練不足、缺乏一般文化的人身上，也是經常遇到的。他們能夠為任何與他們的理論相衝突的證據或答案找到解釋，但這些解釋往往是很滑稽的，簡直就是幻想。事實上，沒有什麼可以對他們說的，因為他們從一開始就認為，除了他們所支持的觀點和證據之外，所有與地球有關的論點都是錯誤的。對他們來說，地球是平的這一事實似乎是　條無法反駁或討論的公理。」

塞薩爾被這個問題吸引了，他清楚地回應了我。

「前段時間，我們和同級的人談過這個話題，但我們對這個問題的心理因素更感興趣。少校告訴我，地平說的追隨者甚至聲稱他們對天文學、物理學或生物學等科學一無所知，但他們卻極其肯定地告訴全世界，球形地球的概念是完全錯誤的，全人類都必須相信他們的話。這就像是在說，『我不懂中文，但我肯定告訴你它是不存在的。』然而，與此同時，有十五億人說中文。他們使用各種各樣的『實驗』和『示範』來轉移觀眾對常識價值觀的注意力，對於那些準備不足甚至憤怒的人來說。而且，當面對無可爭辯的證據時，他們說這實際上是假的。你無法與這些人達成諒解，因為他們是狂熱的表現。在某種程度上，看到這樣的思考行為是戲劇性的。他們不想知道，不想記錄，不想閱讀，也不尋求理解。他們唯一做的就是從一開始就假定一切都是一個大騙局。」

「誰的騙局？」我問。

「他們說，是世界上所有的決策者和重要機構『合謀』讓人們認為地球是圓的。」塞薩爾諷刺地說。「根據平地說，科學家、美國宇航局、歐空局和其他研究機構似乎都在爭相討論，以便向世界提供地球是圓的錯誤證據。目前還不清楚為什麼美國宇航局會這樣做，但地平說的追隨者們清楚這麼做的理由，並肯定地說這是事實。」

「現在，更嚴肅地考慮這個問題，這種狂熱大多來自科學發展的跨學科管道。現代科學的許多成果都是從不斷地『運動』或是以積極的管道進化出來的，儘管它有許多缺陷，尤其是從概念的角度來看。為了讓你更好理解，試想車輪的輻條旋轉地非常快，而你看不到它的輻條，在某個時刻，影像發生了變化，你會認為輻條只有三個或四個。此外，當你覺得車輪在倒轉時，好像它在倒退一樣。這是一個動態的呈現的樣子，很明顯它不是真實的，但看起來卻像是真實的。因此，這是一種錯覺。但對於平地說的追隨者和他們的心態來說，這成了一個大問題。他們沒有考慮到這樣一個事實，即這種錯覺是由於眼睛高速旋轉而不能正確識別運動，但他們說這種運動實際上是不存在的，因此無法看到。」

不知怎的，我感到不知所措，但我還是開口了。

「如果這個不幸的地平的想法繼續被遵循，我曾期望他們的思維方式，這基本上是異常和狂熱的，將擴展到許多其他現象，無論是在物理和非正常的領域。據我所知，他們奉行全球陰謀的一般理論，認為一切都是一個陰謀，是為了製造我們用某種方式思考，但只有他們知道並說出真相。」

塞薩爾說：「這種現象令人遺憾，甚至令人擔憂，但在未來幾年可能還會愈來愈多。的確。事實上，離經叛道者可以相信並鼓吹那些堅持這種錯誤觀念的人。如果你把他們中的一些人帶到國際空間站或環繞地球運行的太空飛船上，他們會準確地說出他們對在宇宙空間拍攝的成千上萬張照片的看法：這是一種讓他們顯得愚蠢的『安排』，事實上一切都是假的，他們所看到的與我們的星球是球形有關的一切都不是真的；或者這僅僅是由鏡頭或攝影師造成的一種視覺錯覺。」

「不過，其他人怎麼可能『吞下』這樣的無稽之談呢？」我惱怒地問，「當今社會每個人都應該具備細胞的感知、敏銳性以及個人辨別力。」

「這是可能的，因為缺乏教育和個人培訓。人們根本不懂也不學習，缺乏一般文化。在解釋這些事情時也缺乏指導和常識，他們被那些告訴他們事情是如此或不同的人掌握在手中。這部分，教育系統也做出了很大的貢獻，傾向於變得有點單向性，只教一些關於他們個人技能的東西。幾乎所有其他可以提供更廣泛和相關的生活視角的科學或提高生命的方面都被忽略了，正因為如此，地球上的大多數人口都是無助的，在某種程度上，這使他們成為奇怪影響的『犧牲品』。那些對物質、能量、宇宙或世界上正在發生的眾多現象的物理定律一無所知或從未聽說過的人，他們的辨別能力應該是什麼？他們只生活在很小需求和日常滿足的狹窄範圍內。」

「這代表著我們社會的巨大衰落，」我悲傷地說。

「這是真的，但我們也必須從即將到來的變革的角度來看待這種衰退。人類的一部分正在演化。這是不爭的事實。有些人思想上很細緻，有智慧，有良知，他們渴望更高的意識，以便通過從三維到四維的特定振動頻率。那些無法做到這一點的人將自動下降到一個較低的水準，即二維，因為由於強大的干擾力很難維持三維。」

二維、三維、四維，「舊地球」在第三維度的局限性和變遷

在討論的這一點上，我想再澄清一個方面，因為我不確定我是否理解剛才提出的問題。塞薩爾清楚地解釋，這種「維度表徵」，即2－D、3－D、4－D等，是用來表示對周圍現實的感知或意識程度的方法之一。

「換句話說，」我說，「要從3－D系統的角度來理解，時間被視為是一個獨立的變數。」

「沒錯。另一方面，在4－D系統中，時間是代表這一現實的座標系的組成部分。將時間理解為與空間的融合——就像4－D的情況一樣——需要更高程度的意識。」

「那麼四維中的時間是什麼？」我問，有點困惑。

「在四維中，空間和時間將形成一個獨立的現實。然後，我們不再有x＋t，y＋t和z＋t，代表一個三軸系統，加上時間上的運動；但是我們在x和t，y和t，z和t之間有一個永久的合作。他們似乎不斷地聯繫在一起，彷彿在說：xt，yt，zt，彷彿永遠地團結在一起。你明白嗎？」

「而且，人們不應該把x＋t、y＋t和z＋t與加法混淆，也不應該把xt、yt和zt與乘法混淆，因為我們使用的是不同的度量組織，」我若有所思地說。

「顯然是這樣。」它們只是在沒有更好的符號的情況下呈現特徵的一種方式。但是，如果你願意的話，我們可以更好地考慮三維的 Oxyz+tin 和四維的 Ozyzt 的情況。」

然後，塞薩爾在房間裡看了一會兒，想找些東西給我舉個好例子。他看見桌子上有一個小金屬球，就說：「這是一顆球。你承認它是三維空間的一部分嗎？」

「它可以用一個三軸系統來表示，」我點點頭。

「現在，看看當我們把球從一個點移動到另一個點時，我們是如何把時間作為第四維度的。我把球從這裡移到這裡，你會看到這是一個線性運動，就像一根線。」

「好吧。我明白了。這是怎麼在4—D中移動的呢？」

「那麼，你看到的不是一個移動的球體，而是一個『條形圖』。這實際上是四維平面；也就是說，空間和時間的統一。對於那些脫離三維空間的人來說，就像地平說的追隨者一樣，時間甚至沒有被考慮在內，因為它被解釋為衡量一個事件的一個『量』。對他們來說，時間只是一個可量測的數量，與造物

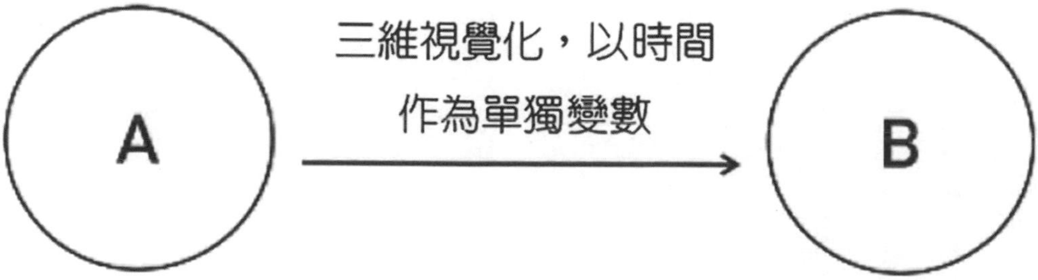

將球體在時間（T）上從 A 點移動到 B 點

的高級方面相比，它並不是一種非常微妙的能量。」

「如果是這樣的話，那麼那些堅持此地平說的人正在回歸古典物理學的力學理論，即牛頓物理學。」我評論道，得出了自然的結論。

「牛頓徹底改變了物理學，解釋了引力和許多其他現象，但是，地平說的追隨者甚至不接受重力的存在，因此隨著時間的推移，他們實際上愈來愈傾向於中世紀的『平坦』概念。」

我聽到的幾乎令人難以置信，但不幸的是，這是真的，我所讀的報告證明了這一點。

「然而，有趣的是，這部人類大劇因為有它的需要，而它仍然是一部將以這種方式持續數十年的戲劇，在你取得了相當大的進步之後，就會看到這一點。」塞薩爾繼續說：「否則，人類的隔離也不會發生。地球實際上是生病的，因為沒有任何辦法能讓它擺脫一個永久泥潭的麻木，在這個泥潭中，不同種類的人以相對接近

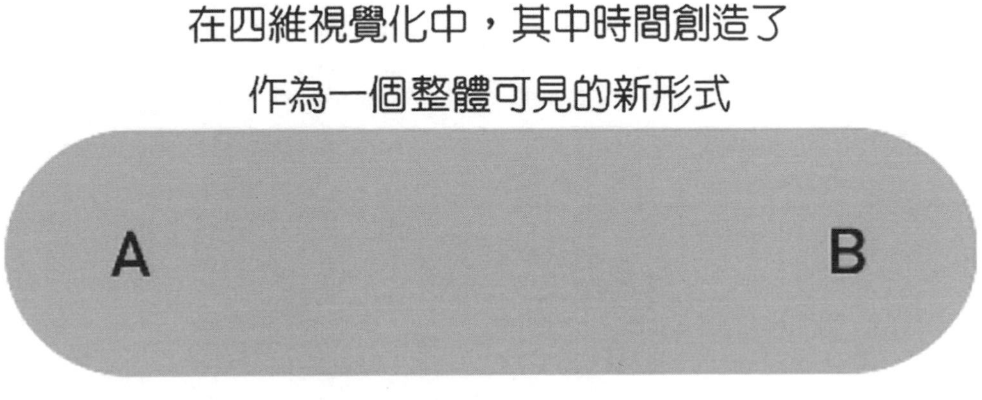
在四維視覺化中，其中時間創造了
作為一個整體可見的新形式
A
B

球體在第四維（4-D）中隨時間的運動產生了一種管子，就像一根「拐杖」

的頻率結合在一起。那些想要瞭解和學習的人，由於來自他人的各種壓力，將沒有條件或足夠的動力去進化。這就像集體窒息。」

他所說的與提高行星振動頻率的概念相重疊。地球正準備啟動它的高級維度，首先是提升到4－D乙太維度的微妙能量場特徵。在此期間，「舊地球」在3－D第三維度仍有其局限性和變遷。

這種振動頻率的分離也不可避免地吸引了人類，因為他們中的一些人渴望靈性進化，而其他人，他們中的大多數，則更願意停留在他們已經知道的東西上；也就是說，生活在地球上的三維物理層。

這一過程已經在進行中，並將在二〇二〇－二〇二五年愈來愈多顯著，屆時一些銀河能量「脈衝」將發生，這將對人類意識產生深遠影響。然而，這主要是一個選擇的問題，而選擇又是基於個人的內在傾向，對於許多人來說，選擇另一個光明和純潔的生命並不容易。相反，他們更喜歡待在自己的參照範圍和低共振的感覺，因為這個舒適區更適合他們的內在結構。

塞薩爾隨後強調了他的觀點。

「由於存在嚴重的種族隔離，頻率之間將存在巨大的差距，因此那些鐵齒的人將更加鐵齒；而其他向前發展的人將輕易地拉開距離，因為兩派之間的意識差異將會大大增加。」

「是的。這是有道理的，」我說。

「那些將在4－D中提升的人將在某個時刻做好充分的準備，之後也會非常穩定地下降到下面的層級，並嘗試幫助那些在3－D或以下的人。這一切都將取決於那裡的人的選擇和決定。」

「從你所說的，我看到了兩個明顯的趨勢：強化，甚至是加深了大部分人口的這種僵化，平地說的追隨者就是一個很好的例子；另一個是其他人的自由，他們可以更輕鬆地進化並擺脫其餘陷入困境的人類。」

塞薩爾點頭表示贊同。然後，過了一會兒，他說：「希望第二類的人足夠多。」

我沒有堅持最後這個答覆，因為已經很晚了。總的說來，我現在對「地平說」有了一個清晰的認識，那就是正確理解我們在未來幾年可能面臨的形勢。

我回到自己的房間休息，因為第二天兩名美國隊員就要到了，這將涉及到一些必須在考察前進行的準備工作。需要進行幾次簡報，並為兩名美國軍官參觀放映廳而準備其住宿。

然而，事實證明他們，他們已經做了功課；因此，會談非常富有成效，迅速有效。作為資訊交流，他們帶來了幾份證據檔案，從中得出的討論非常有趣；因此，在塞薩爾的同意下，我決定在這本書中，以摘要的形式介紹這些討論內容中一些有趣的片段。

第3章

空間扭曲的門戶：你必須更新的觀念

很明顯，那座房子包含了實際的扭曲，也就是空間傳送門，那是與多維空間相互作用產生的扭曲。而兩個房間之間的門實際上是兩個世界之間的一個不連續點。當他們破門而入時，德國特工闖入「另一邊」，與已經進入房間但從對面門進入的美國團隊會面。對美國人來說，那扇門在底特律；對德國人來說，他們打破的那扇門是在巴伐利亞中部的一個都市。

五角大廈派來兩名軍官都很年輕，他們受過專業訓練，且和藹可親。並非所有過去與我們打交道的人都具備這樣的素質。實際上，在這種情況下，有時也代表他們有敵意和隱藏的意圖或思想，但這取決於相關人員，五角大廈的秘密命令永遠不會消失；在某種程度上來說，這就像在釣魚。

「如果有人被抓住，那就好了；如果沒有，我們仍然在努力。」但重要的是，他們在相當大程度上受到派遣他們的人的影響和支配，因為人的本質是不同的。

事實證明，這些美國軍官是一個令人愉快的存在，與他們的談話進行得很順利。有兩輪會談，第一輪側重於科技因素，第二輪涉及五角大廈官員希望從美國獲得的資訊和檔案。

這是一個建立在真誠和公平基礎上運作的程序，是一種「以物易物」，對有關各方，包括羅馬尼亞和美國雙方都是互利的。儘管我們可以使用布切吉山脈秘密建築群的非常先進的技術，但它們為我們提供了其他類型的直接優勢，以換取我們被允許研究那裡的文物和其他元素。政治也參與其中，但只是作為事物的一種外在形式。然而，這種交流的局限性是由奧巴迪將軍根據至今仍然有效的倫理和道德原則構建。

基本規則是，他們所要求的資訊的性質是中立的，不得用於繁重的目的或剝削及傷害其他國家。自二〇一〇年以來，也就是自從協定實施以來，事情進展順利。這致使了一種相互信任，並導致在這個方向上進行了非常良好和密切的合作。這並不意味著一切都是「牛奶和蜂蜜」，但我們相信，目前的狀況是如何以平衡和誠實的方式工作的一個例子，儘管共同關心的「對象」——布切吉山脈的秘密建築群對全人類來說極其重要和微妙。

遠古歷史的真實本質，必須以另一種形式和其他內涵來處理

在考察或其他類型的合作之前進行的情況介紹和討論中，通常是尼可拉中尉和我本人參加羅馬尼亞這部分的工作，但這次塞薩爾之所以也參加了，是因為這涉及最高安全級別的資訊交流。這裡給出的一般性解釋是為了說明轉向人類歷史方向討論的來龍去脈，這些都是美方要求提供細節的結果。沒有必要堅持提及它們，但它們使塞薩爾總結的歷史現實得到了很好的呈現。

當時，我不知道這些部分的情況，因為我沒有時間問這些問題。這就是為何我對傾聽和理解人類過去一些重要事件的真實本質更加感興趣，一般的歷史描述被當時人們的理解棱鏡截斷或修改。實際上，正如我將要發現的那樣，我將提及的歷史事件必須以另一種形式和其他內涵來處理，而不是從歷史中傳給我們的那些內涵，從那些時代的黑暗中傳遞過來的內涵。

該討論的重要部分，超過一半的內容，我尚未獲得報告的權限。從剩下的內容中，我總結了一些我認為很重要的元素，尤其是因為它們與我即將發現的東西有相關性，以總結的形式學習了許多人類未知的歷史。

我所指的討論是在與這兩位美國軍官的第二輪會談中進行的。這是一次自由、公開和正式的討論。簡言之，這個問題涉及美軍在阿富汗和遠東另一地區發現的文物。這兩名軍官提交了一份書面報告和幾張照片，描繪了一個相當奇怪的物體。我們被告知其驚人的特點，並對其進行了詳細的描述。美國人希望了解關於文物發現地點的過去資訊，以及對土壤地形的深入觀察，這個要求只有通過進入投影大廳的穹頂[19]或埃及神秘密室的「時間機器」才能完成。[20]

他們還想了解關於過去居住在這些地方的人。由於我不能透露所有這些的細節，我只想說，塞薩爾以一種新穎的方式提出和解釋人類遙遠過去的討論有點偏離了方向。在提出的兩個問題中，塞薩爾不能當場回答，因為需要進行特別調查，但他回答了其他問題，至少在大多數情況下如此。有一次，與他們自己所做的一些調查直接相關，兩位美國軍官提出了中東地區的洪水問題。他們想弄清楚當時生活在那裡的人們所做的救援工作。由於塞薩爾曾研究過那段時期，他立即作出了回應。

「如果我們考慮到《聖經》以及文獻中對洪水的描述，那麼就可以得出結論，整個地球都被水覆蓋了。然而，我們需要考慮當時的居民如何理解地球的樣貌。對他們來說，沒

19《外西凡尼亞的日出》（Transylvanian Sunrise）一書中的第S章討論了羅馬尼亞人面獅身像下方投影大廳的一個裝置，人們可以通過這個裝置觀看歷史事件。

20 參見第3卷《埃及之謎——第一條隧道》第4章中討論了一個「時間機器」，它能使觀眾以自己的思想而不是身體在時間中旅行。

有其他大陸。他們居住的地區和周圍的東西就是整個世界。」

其中一個美國人，也就是較年輕的那個，接著發言提出了一個觀點。

「聖經中的洪水似乎不是人類歷史上唯一的洪水。還有其他的傳統和人群談到毀滅性的洪水，但發生在世界不同地區，包括我們大陸。」

「事情就是這樣的。在不同的歷史時期，不同的人群都經歷過這樣的現象。但是，但是說在《聖經》中的大洪水發生時，整個地球表面都被水所覆蓋是一個錯誤。事情並不是這樣發生的。隨著時間的推移，有廣大的領土，甚至整個大陸都淹沒在水下，埋葬了文明。例如：姆大陸，努曼尼亞的大部分地區，尤其是亞特蘭提斯。」

在投影大廳的全息影像中，我看到了許多關於洪水的事情。然而，這發生在許多年前，而且它們的數量很少，在地球歷史上的許多其他事件中以非常簡短的摘要形式呈現。例如，我看到大片地區被水覆蓋，從老卡帕多西亞（今天地圖上的土耳其中部）開始，一直延伸到敘利亞和以色列，洪水摧毀了沿途的一切，就像海嘯一樣。我再也分不清地中海的海岸和陸地了。然而，淹沒土壤的那層水並不深。這裡的景色似乎很荒涼：一望無際的水域，水面上有幾棵罕見的樹木，或者是一座抵抗了洪流力量的孤立神殿。這在很大程度上是因為當時沒有高樓大廈，大多數的建築物都是小而不穩定的，由泥土和石頭建成。

然而，我沒有看到洪水的來源，也沒有看到與之相關的其他含義。但我並不懷疑這種情況的存在。

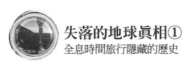

《聖經》中描述的洪水及更高層次的進化

鑒於這個問題的討論已經平息，現在似乎是時候澄清這方面的一些未知數了，所以我提出了一個問題。

「《聖經》中是如何描述洪水的？」我問道。

「《聖經》中的洪水和蘇美爾人對過去一千年社會演變的描述是一樣的，」塞薩爾回答。

「當大災變發生時，人們希望保護被水覆蓋地區的動植物。諾亞方舟沒有那麼大，並不是所有的動物都被帶入其中。這條船確實建成了，諾亞和他的家人甚至還帶了幾對動物上船，但相對於所寫的內容來說，還是比較少的。他的方舟在地面上起到了必要的『替補』作用。動物群的真正保存和隨後的復蘇來自於太空。」

看到兩名美國軍官目瞪口呆的表情，塞薩爾繼續說。

「在這個層面上，問題是以另一種方式提出的。有一個相當大的『圖書館』，裡面裝滿了亞洲和非洲生物的ＤＮＡ樣本。那些寫《聖經》的人不能科學地解釋這一點，所以他們說諾亞在他的船上帶走了所有動物物種的配對。事實上，ＤＮＡ樣本的採集是由另一個恆星系統的生物完成的，他們被認為是地球上的神。」

「他們有一個虛擬的生物資料庫，」我說，「但諾亞事件有什麼意義？」

「那是人類的進化，是人類自身命運的進化，」塞薩爾回答說。

「有人給予幫助，但人們必須建立自己的未來。他們的貢獻是必要的，因為這是他們命運的一部分。即使一切都在生物的 DNA 樣本中得到了很好的確認和保存，動物群的『重生』過程將由人類作為地球上的『後援』發起。洪水過後，動物物種的恢復持續了幾十年。當然，人類得到了外星文明的幫助，但這需要很長時間。」

這兩位美國官員似乎不太相信。其中一人接著問了一個問題。

「但他們為什麼這麼做？動物群和植物群在洪水之後正在進行自我重建。這將需要更長的時間，但會恢復的。」

「在這種規模的大災難中，是沒有辦法恢復的，」塞薩爾回答。

「一切都被摧毀了。植物群仍會有一個分支，但動物群不會。」

「這一切似乎都很虛無縹緲，」年輕的少校堅持說。

「的確。那段時間非常緊張，」塞薩爾承認。「從那時起大約經過了五千年。甚至在『眾神』之間也有許多不同的利益。然而，所發生的一切是由於地球進化的必然性。由於進化的衝動，野生動物需要更多的多樣性。多樣性愈多，靈魂的化身和進化就愈快。」

另一個少校問道：「那有什麼保證呢？」

「沒有，」塞薩爾說，「但這種節奏下進化的機會很大。除非有多樣性，否則需要一個物種付出巨大的努力來充分進化，以便它提升成為更高的物種。但是多樣性，通過它促進的許多經驗，允許以一種加速的方式進行學習；也就是說，加速的進化。生物快速進化的最簡單途徑是通過『加速』的微小進化步驟。這就避免了使結構緊張的突然變化，並會使某些事件無法預測。」

「好吧，但這是否意味著需要有一場洪水來引發？」我疑惑地問。

「宇宙中的事物總是相互關聯的。你認為在某個特定的時間服務於某個目的東西，同時也是其他需求的解決方案。在某個特定的時間和空間裡，某些東西看起來可能是壞的或可怕的，但當你從更廣闊的角度來看它時，卻證明它是必要的，甚至導致了更高層次的進化。洪水帶來的災難——特別是當洪水覆蓋了更廣泛的地區，如《聖經》中的洪水，即中東和東南歐的大部分地區——無疑意味著對於該地區在人類正確發展方面的不當做法和傾向進行大規模清洗，它也代表了重生的可能性，在進化的規模上有一個重大的飛躍。」

人類歷史上兩大類不同發展的人類

房間裡一片寂靜。我們每個人都在想，洪水無疑意味著許多痛苦和大量的生命損失，怎麼可能是人類進化的跳板呢？塞薩爾也沉默了，讓我們沉浸在這個想法中。最後，我把心一橫，說這也許還是需要一些例外的解釋。

「關鍵是，當我們談論進化的飛躍時，我們必須考慮ＤＮＡ結構的變化，」我說。

塞薩爾善意地回答。

「這不僅是通過基因工程實現的，也可能是環境變化的結果。你認為民族大遷徙發生時意味著什麼？即使是最穩定的種子最終也會遷移。決定進化的是生命的衝動。對一個群體來說，環境的變化不僅僅意味著反映在日常生活中的迫切需要。這也意味著ＤＮＡ的深刻變化。」

「地理位置，地形，地理區域⋯所有這些都會影響ＤＮＡ？」另一位美國軍官驚訝地問道。

「毋庸置疑。食物、氣候和地域隨著時間的推移影響著ＤＮＡ，它是根據ＤＮＡ內部的基本資訊結構進行調節的。然後一切都會改變，甚至是口語，如果不是其結構的完全轉變，至少也會有口音的變化。隨著時間的推移，由社區、群體甚至整個人口的遷徙導致了種族的結合和人類ＤＮＡ的多樣化。這就像『嫁接』植物，影響ＤＮＡ的緩慢轉化。」

「但是，在人類中，地球上有更多進化的種群，」這位官員評論道。「除了神的科技之外，人類社會甚至文明也有了驚人的發展。我們在這方面發現了文物和證據。」

塞薩爾點頭同意了他的話。

「在人類歷史上，我們或多或少可以談及兩大類不同發展的人類：其中一類已經達到高度進化；另一類則在某種程度上被保留在自然界中，因此它的進步要艱難得多。這就是為什麼我們可以解釋地球上的一些地區在很大程度上得到了發展和進化，而另一些地區的人則生活在洞穴中，並以部落的形式組織起來。即使在今天，我們在君主制或某些基因系的層面上，甚至在一些民族的文化傳統中，也看到了這一點。例如，印度的種姓制度代表了對曾經主宰這個星球的生物的粗略分類。然後是純度的問題，不能把『純』和『不純』種族之間的ＤＮＡ混合起來。這樣說來，這是一種維護那些來自『上層』的人的優越性的鬥爭，也就是那些在基因樹中有特殊ＤＮＡ結構的人。問題是複雜的，但總而言之，我們可以說，當前的人類文明是第二類人的反映，這些人經過了艱苦的進化。」

我對這些問題一無所知，但我希望能進一步瞭解即將與阿佩洛斯舉行的兩次會議。我決定問一個問題。

「為什麼會發生這種情況？」

「這不僅僅是一個單一的原因；但最近，在過去幾千年裡，它採取了來自某些外星文明的『封鎖』形式，他們想利用這類人類供自己所用。換句話說，他們對人類的進化不感興趣。正如我已經提到的，這導致了『神』之間的許多分歧，因為有些人想促進人類非凡能力的進化。」

「還有人想利用他們？」我驚訝地問道。「為什麼一個先進的外星文明要利用落後的生物？」

「儘管如此，他們還是這樣做了。這個星球對他們來說是陌生的，有資源可以被開發。此外，還需要為某些神靈服務，尤其是為了使他們能夠控制一切。他們想把人類保持在接近動物的水準，也就是不允許其進化。後來，他們提出了計畫，以接管整個地球的控制權，他們利用某些『精英』階層的人類作為中介，這些人類以某種方式與那些外星生物的DNA混種。」塞薩爾的間接引用對我們所有人來說都是顯而易見的。

我說：「看來，他們的計畫並沒有如願以償。據我所知，人口的遷移只是導致了DNA的緩慢而安全的變化。否則，控制權就會完全喪失。」

「是的；因為這種消極的『神』的使命是有限的。他們不能隨心所欲。有一種『銀河控制』是由一些非常先進的文明強加給他們的。即便如此，因為他們非常有耐心，消極導向的『神』已經造成了許多傷害，特別是通過他們任命的人。」

年輕的警官插話了，希望把話題帶回兩人特別感興趣的資訊上。

「關於我們發現的文物——我們掌握的數據正引導我們找到匈奴人，但某些東西西不符合，因為他們似乎來自其他地方。」

「沒錯，」塞薩爾回答。「匈奴人是一個遷徙民族，但他們不僅像人們所認為的那樣來自蒙古草原，而且來自三個不同的方向。他們從北極，沿著北歐國家，在西伯利亞地區出現；以及從東部的大草原，在蒙古出現。然而，匈奴人實際上並不是來自這些物理區域，而是通過這些秘密通道『進入』他們各自的區域，這些通道仍然允許物質層和乙太層之間的連接。從那裡，他們開始向歐洲蔓延，讓人以為他們來自蒙古草原。」

我看到這兩名美國軍官看著自己，這表明這些資訊與他們所發現和知道的相符。塞薩爾繼續暢所欲言。

「他們來自香巴拉附近乙太層的一些區域，這解釋了為什麼匈奴人突然佔領了一大片區域；不是因為他們征服了它，而是因為他們從其他地區來到這裡，就像是征服了新的土地。誠然，也有鬥爭；但是他們的帝國，實際上是由於他們佔領這一地區的速度。當然，他們也貢獻了很多戰士，雖然人數不多，但其他民族感受到了匈奴人所表現出來的正義力量，其中一些人聯合起來反對羅馬帝國。「他們和羅馬軍隊作戰，所以不只幾個，」一個軍官說。

塞薩爾點了點頭，然後解釋說。

「在這裡，我們必須釐清匈奴人的真實身份。匈奴（hun）這個名字來自『inn』，意思是『領袖』。他們是『規則』部落或具有明顯體質和智力的特殊生物。的確，這是少數，但其餘的，就是部落的廣大群眾——他們是由普通的、相當原始的人組成的，大部分時間是已經被征服的部落的一部分，這些部落在匈奴人前往歐洲的途中壯大了他們的軍隊。只有統治者是匈奴人，因為他們是人類特殊種族的一部分。這也解釋了他們最初是通過維度間的裂口從乙太層面來的。」兩個主要的人在椅子上稍微移動了一下，年紀最輕的那一位終於敢於提問了。「我們能確切地知道乙太層面在哪裡穿過物質層嗎？」

「永久的問題，」我心想。另一方面，我理解他們，因為他們的要求在某種程度上是合理的。他們擁有在這些地區發現的非常有價值的文物，他們想知道更多，去發現和探索。

塞薩爾謹慎地笑了笑，優雅地否認了。

「即使我確切地知道這些地點，我仍然不會透露他們的位置。你知道這種情況是如何的。他們是其他國家的領土，我們在那裡沒有管轄權，也不想受到任何懷疑。」

另一個少校堅持說：「我們可以在不破壞任何穩定的情況下準時而有效地行動。」我非常了解塞薩爾，從那時起，我就無法說服他了。過了一會兒，我們都起身去睡覺了，時間已經很晚。距離遠征還有五天，但行程仍然滿檔，兩名美國軍官必須經過一些預定的訓練步驟，與布切吉山脈的秘密建築群有關。我所扮演的角色是必須處理他們的訓練，實際上和理論上，塞薩爾必須去布加勒斯特參與一些重要的討論。為了獲得與阿佩洛斯的人進行兩次會晤的機會，我不得不把我的職責委託給尼可拉中尉，他非常樂意地接受了。

扭曲空間的入口：德國和美國特勤局的驚人案例

我一大早就醒了，決定把這一天空下來休息和放鬆，以便為第二天與阿佩洛斯人會面的探險作準備。雖然我專注於為考察做好心理準備，但內心並不平靜，因為我忘不了阿佩洛斯人告訴我的那些所謂的「陰謀集團之家」，我去了辦公室開始研究，希望在我們的資料庫中找到一些關於美國和德國之間最近幾年可能進行之秘密行動的資訊。我沒有成功，所以我不得不利用我在ＢＮＤ[21]的一些關係。我們已經知道，德國特勤局在資訊交換方面從來都不太慷慨，但我們依靠特工之間有時存在的合作來獲取共同感興趣的數據。

就在同一天，我們收到了一份秘密行動初步報告的安全副本。我立刻意識到，這只是一個兩頁的總結，一個完整的報告，對事件的細節是缺乏的。這次行動發生在二〇〇五年，立即被列為最高安全級別。我想閱讀整個報告，但在ＢＮＤ的消息來源告訴我，他們沒有許可權訪問該級別。我向他們表示感謝，並決定與美國人一起嘗試，因為根據摘要報告和我在全息螢幕上看到的情況，兩國都參與了這項活動。

我在訓練室裡發現了塞薩爾，我簡要地描述了當時的情況。他相切地聽說過美國陸軍

21　ＢＮＤ是德國特勤局（Bundesnachrichtendienst）的縮寫，由納粹萊因哈德・蓋倫（德語：Reinhard Gehlen，一九〇二年四月三日—一九七九年六月八日）創建和管理，該納粹也成立了ＣＩＡ。

一個秘密部門，只負責研究美國和南極的時空扭曲。他是從與山繆・克羅斯少校的一些談話中得知這一點的，而山繆・克羅斯少校在幾年前就接觸到了這些資訊。

「該部分是由菲翰上校所領導的，」塞薩爾說。「克羅斯見過他好幾次，但他沒有告訴我更多的細節。我不知道該上校是否已經成為該部門的負責人，但我會查一查的。」

傍晚時分，塞薩爾找到我，給了我一些好消息。他告訴我他和克羅斯少校談過，他已經確認菲翰仍然是那個秘密部門的負責人。隨著時間的推移，它變得非常重要。克羅斯知道二〇〇五年德國發生的事件，所以他很容易問起這件事，特別是由於他有必要的安全許可。

由於羅馬尼亞和美方之間已經達成了一項合作協定，在交流異常現象有關的敏感資訊後，這位上校最終同意披露行動細節，即使二〇〇七年協議中未提及他的部門。但是，他與克羅斯少校保持著深厚的友誼，他知道布切吉建築群的情況。

然而，令人驚訝的是，菲翰並沒有要求任何條件。我訝異特勤局也有人情味的一面。當天晚上，我收到了一份幾十頁的卷宗，我立即饒有興趣地讀了起來。BND的報告與FBI的分析得到了證實。確實，我可以說這是一次非常不尋常的行動，已經對雙方造成了極大的困擾，以至於需要在菲翰的帶領下成立一個特別部門。

當時的情況是這樣的，德國人和美國人不知何故在不知情的狀況下有著相同的想法。

不知何故，在巴伐利亞和底特律市都發生了平行事件。在德國，特種部隊接到了警報，但在一開始僅僅只是例行公事的好奇，變成了真正的困惑和懷疑。

在德國的一個都市裡，有一座非常古老的房子，建於大約三百年前。經過數次的改建和翻新，它仍然保持著中世紀晚期的外觀。問題是，它位於一個拆遷區，那裡有一個大型公園的計畫。但是房屋受到財產法的嚴格保護，而且具有歷史保護地位，對此房子的商討、提案甚至法律訴訟已經進行了很多年，但是沒有人見過房主。

律師們說，房主一直在國外，是一個重要的商人，不想出售或放棄那棟老建築物。在法律文件中，他似乎繼承該房產，其他所有的文件都提到「後代」，這似乎是一個沒有解決辦法的問題。

有一次，市政府官員要求警方做一些謹慎的調查，因為儘管州政府官員做出了努力，他們仍無法與房主進行直接的對話和談判。任何此類交易，在房主的命令下，只能通過律師事務所進行。

然而過了一段時間，事情變得很奇怪。利用已經安裝在未來公園的攝影機，開始對那所房子進行謹慎的觀察。報告指出在二〇〇年代的前四個月沒有人居住。直到四月底，第一個人出現了，可能是房主，進屋四天後才出來。在我從 BND 同事那裡收到的摘要紀錄中，警方的報告指出，進來的人沒有行李，只是在衣服外面穿了一件雨衣。房子裡顯然沒有貨物，因為它已經幾個月無人居住。即便如此，那人停留了四天以後才出去。

警方開始懷疑，並通知ＢＮＤ，他們認為這種情況存在著一定的恐怖主義或其他危險行動的風險。這一次，對房子的觀察繼續進行，使用一種精湛的高級技術，而且特勤人員專門負責這項行動。房子再次空無一人。短短兩個月，另一個高棕色頭髮的男子，揹著一個小背包走進了屋子。在接下來的七天裡，團隊仔細地監視著房子，沒有看到燈光，也沒有看到其他人進出。對於這種不尋常的情況，該隊負責人對這一特殊情況感興趣，決定進入屋內一探究竟。在觀察過程中，還要求了更多的外部幫助。德國隊觀察小組人數為十人。

在大洋彼岸，情況略有不同。雖然德國人只是觀察了一棟建築物，但聯邦調查局實際上追捕了一名嫌疑人。他是一個棕色頭髮的高個子男人，皮膚異常白皙，沒有出現在美國的任何民事或簽證記錄中，但他曾捲入了一次特別的事故。從二〇〇三年到二〇〇五年，他曾在美國東海岸的各個都市被零星地觀察到，但每次都失去蹤跡。此案於二〇〇五年告破，當時警方發出警報，稱此人突然出現在底特律，隨後被逮捕。

然而，聯邦調查局的小組想密切跟蹤這個人物，想知道他是否有任何同夥。已經調動了額外的觸發力量，這樣這個人物就不能再像以前那樣「消失」了。這名男子被追跡到城郊附近的一棟房子，他獨自一人進入。一個由七人組成的聯邦調查局特別干預小組隨後抵達，並被戰略性地安置在大樓周圍。從那時起情況引起了更大的混亂。

閱讀了美國人的報告，我對那裡發生的事情有了全局的理解，但涉及的當事人，無論是德國人還是美國人，彼此都不認識。當德國的六名團員進入巴伐利亞鎮的老房子時，他們發現那裡沒有人。房子很大，大概有三公尺高，傢俱很簡陋。

四名德國特工通過一條走廊走進了房子的中央，這條走廊把他們帶進了一個比其他特工更大的房間，房間垂直於他們進入的方向。在對面的牆上，他們看到一扇普通的門正好位於它的中心。唯一奇怪的是，在那扇門面向他們的一側，牆上有深嵌著的石頭，就像位於房子底下河流中的石頭一樣。

德軍特工聽到門另一邊傳來更多的聲音，緊張地用英文以命令的語氣對他們講話。美國的報告提到這次行動的「熱點」如下。

「德國隊在準備自動武器時，猛烈地打破了兩個房間之間的木門。我們的小組，更具體地說，是進入這所房子的四名特工中的三名（1號、2號、3號中士），也把他們的武器放在門上，因為我們聽到用德語發出命令的聲音。他們有四個特工，我們有三個。一開始，我們尖叫著要對方放下槍，但在緊張和激動中，我們什麼都聽不懂。然後，我們突然停了下來，因為我們都驚呆了。」

德國和美國特工人員在一間大而空曠的房間裡發現對方後，便互相凝視。以下是根據小組指揮官所說的德國報告摘要中的一個片段。

「我從一扇窗戶後面往屋裡看。當時是傍晚，雨下得很大，我們的衣服和設備都濕了。我把頭轉過去，透過窗戶往外看，那間空蕩蕩的房間裡有美國特工，我看到那裡正是中午時分，陽光在藍天下照耀。我們誰也說不清一個字。我知道這些影像是即時傳輸的，但在那些時刻，每個人都保持沉默。震驚是巨大的。」

報告中提到，特工們在破門而入時，也就是當與多維空間相互作用時，影像被扭曲了，但仍然可以分辨出那裡發生了什麼。

進入入口區域後，影像恢復正常。很明顯，那座房子包含了實際的扭曲，也就是空間傳送門，而兩個房間之間的門實際上是兩個世界之間的一個不連續點。當他們破門而入時，德國特工闖入「另一邊」，與已經進入房間但從對面門進入的美國團隊會面。對美國人來說，那扇門在底特律；對德國人來說，他們打破的那扇門是在巴伐利亞中部的一個都市。

儘管德國的報告只有兩頁，但仍然令人驚訝。我特別喜歡德國隊長的態度，因為他似乎表現出了極大的自制力，他很快就把注意力集中在了新的形勢上。他善巧地回答了當他穿過破門走進空蕩蕩的房間時所遇到的情況：「當我穿過大門時，我感到一陣刺痛。」

他是一個敏銳的觀察者，在通過傳送門後，他對武器進行了一些觀察：「槍支在被手觸摸時會通電並產生火花。」進入房間的四個德國特工中，只有一名（團隊的指揮官）對這種現實中的不連續和不失去方向的現象表示好奇。兩名美國特工對此狀況表現出了熱情和興趣，其中一人在報告中提到，他甚至通過附在作戰裝備上的麥克風發送了一份報告要求指揮官：「你應該看到這一點。」在隨後的日子裡，其他特工參加了幾次心理治療會議，以減輕由於對那裡發生的事情缺乏了解而引起的情感和心理震驚。對於某些人來說，頭腦的結構是如此僵化，以至於它不能承受現實的突然變化而不會引起令人不快的副作用。

在美國事件檔案中，幾乎一半的篇幅涉及對行動的分析以及結論和建議。研究很快就開始了，在檔案館裡，人們發現，事實上，底特律的房子建於200多年前的一個地方，那裡有一個已知的門戶或空間扭曲描述為：「這會把你帶到沒人知道的地方，因為沒有人會回來告訴你。」

沒有提到是誰在這空間扭曲的問題上蓋了房子。事實上，人們被「拋棄」到巴伐利亞州的某個地方的一座小山上，遭受完全的迷失方向，甚至失去理智。對於那些設法克服了這一衝擊的人來說，回到美國可能是非常困難的，於是這個傳說就誕生了。

美國人提出的一個很好的舉措是，在二〇〇五年的事件之後，他們成立了一個秘密部門來研究這種現象，迄今為止，該部門的負責人是菲翰上校。很明顯，他以嚴厲的手段控制著這個部門，並設法通過一些顯著的成果給五角大廈的上級留下深刻印象，正如克羅斯少校向我們透露的那樣——他獲得了。例如，他根據該司自成立以來多年的工作和活動，提出了一個空間扭曲的分類。

通過總結菲翰的資料，空間扭曲可以分為三大類：

1.固定入口——這些非常罕見，也不是很有名（這一類包括如德國的扭曲）。

2.多向入口——通過這些空間距離可以在不同的地方到達，這取決於個人特徵、選擇通過的時間、天氣或其他因素。

3.動態入口——也被稱為「地球蟲洞」，它們是持續移動的時空扭曲，在某種意義上，它們的出現和消失非常迅速，改變了它們的位置、大小甚至微妙的能量特徵。

一年前，當他成功實施了一項特別計畫時，他獲得了肯定的聲譽。經過與幾位ＩＴ天才的長期合作，他成功地實施了一個特殊的程式，使他能夠在某種程度上「預知」第三類入口開放的地點和時刻。

菲翰的研究是基於從中世紀晚期到現在發生的一系列神秘事件。其中一個例子是巴黎一個晦澀難懂的上古時代的不確定引用，它展示了偉大的物理學家牛頓的案例，以及他顯然經歷了森林邊緣的空間扭曲。牛頓被投射到離那個地點大約三十公里遠的地方。儘管他回到了那裡，但這個門戶已經消失了，因此它被指定為「蟲洞」。菲翰領導的部門提供了一份根據上述部門發現和分類的門戶地圖。其中許多是在冰島、北愛爾蘭、加拿大、阿拉斯加的通道中發現的，還有阿拉斯加表面的相當一部分。這也包括冰上的地點以及堪察加半島。

那天晚上晚些時候，我開始閱讀檔案，但我很高興記錄下來，並瞭解「陰謀集團之家」是如何運作的。這樣的觀念對我來說並不新鮮，因為到那時為止我已經經歷過許多這樣的「段落」。此外，它們在布切吉山脈秘密建築群及其隧道中也很常見。但是，這種情況對不習慣這種情況的人的影響往往是可怕的。

閱讀這兩份報告，我們發現主要有兩類人：對這些經歷持開放態度的人，他們的意識水平使他們能夠迅速適應這些經歷；以及那些不支持「振動跳躍」或思維範式改變的人。對他們來說，「門檻」太高了。然後我想起了塞薩爾不久前在聚光燈下提出的人口隔離現象，這一因素在未來幾年將急劇增加。這是另一個原因，讓我們更好地理解，人類的徹底轉變只能來自於個人意識水準的提高。

第4章

未曾被公開的文明史：人類在地球上的起源，從宇宙到量子

更高維度的文明健康與靈性密不可分。在地球上，這兩者總是被分開對待。人類的精神轉變，即提高意識的振動頻率，直接關係到身體的健康。你不能有一個而沒有另一個，因爲它們是不可分割的。人類的進化和發展除其他因素外，還受到恆星、行星結構和太陽系的諸多影響。每個恆星、行星、衛星或其他天體，例如彗星，或多或少地作用於生物系統的發展，這種現象一直在發生。

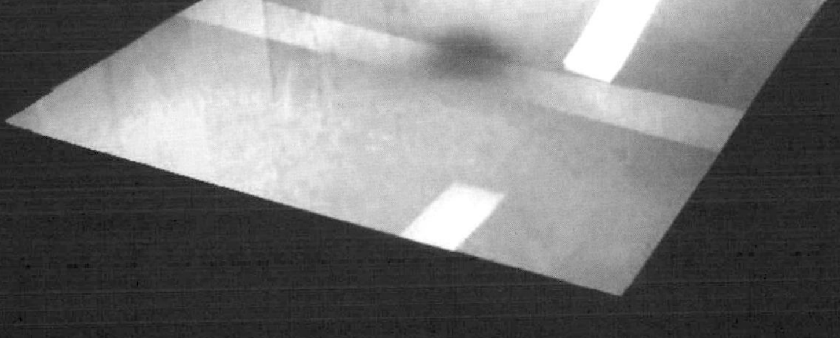

我很高興我已經成功安排好了一切，以便與來自阿佩洛斯的人一起參加兩次會議。尼可拉中尉負責訓練兩名美國軍官，這使我有時間為第二天的工作做準備，也有時間解決基地內的其他緊迫任務。一切都進行得很順利。五角大廈的軍官們表現得很合作，他們完全融會貫通。

準時到達了會議現場，就我而言，事情進展得很快。儘管我被告知我們來早了，但一切都會按計劃進行。我們在阿佩洛斯人用來進行地面活動的機庫裡。

阿佩洛斯文明的科學家：醫學及心靈的整體關聯性

阿佩洛斯人非常友好地接待了我，把我帶到全息觀察室。在我們面前已經擺著兩張舒適的扶手椅，這是為我們的參訪而準備的。我拿到一個特殊的頭盔，以便盡可能地獲取資訊。

「我們這個世界裡有人想給你一些重要的東西，」他笑著說。

當阿佩洛斯人將我的注意力引向投射在我面前的全息螢幕時，我帶著好奇的目光看著他。螢幕很大，是藍色的。一個非常漂亮的女人的形象立刻出現了，她仔細地、幾近平靜地看著我。她大約170公分高，黑髮，頭髮在後方筆直地垂下，幾許頭髮垂在肩膀上。她穿了一套光滑皮膚狀白色質料製成的連身套裝，上面飾有非常美麗的圖案。她的眼睛呈杏仁狀，且細長，她的眼睛似乎籠罩著一道隱藏的火焰。

白皙的皮膚是阿佩洛斯人的特徵，與她的黑頭髮和黑眼睛形成強烈對比。她的身體和諧而柔韌，給人的印象是訓練有素，散發出一種特殊的魅力。這幾乎是我第一次見到一個來自阿佩洛斯文明的女人，它對我產生的影響是真誠的欽佩，我對她以自然方式表現出來的特殊魅力和散發的能量感到著迷。

她用羅馬尼亞語和我說話，她掌握得很好，口音很簡單，但很「甜美」，我也注意到了那個在地表機庫引導我的人的口音。我聽到她的聲音從地板上矩形設備的方向傳來，但我不知道這是怎麼運作的。我在房間裡沒有看到揚聲器或其他東西。

這位女士說她叫曼蒂亞，她是阿佩洛斯文明的科學家之一。她的工作領域相當於我們這個世界的「醫學」一詞，儘管她對這個概念的解釋比你在我們這個社會所知的要豐富且細緻入微得多。更確切地說，曼蒂亞處理的是阿佩洛斯人民的健康，她是這方面的「部長」。他們認為健康與靈性密不可分。你不能有一個而沒有另一個，因為它們是不可分割的。

「健康是人的必需品，」她說。

「沒有健康的靈魂，你的身體就不可能健康。身體疾病意味著靈魂的疾病，反之亦然。你們的藥物僅在水平方向發展而已，幾乎沒有用處。它不提供或提供有效和真正有力量的治療方法。」

儘管我很清楚她對我說的是真的，但我並沒有真正理解我們會面的目的。她彷彿讀到了我的心思，立刻回答道。

「我想告訴你的是人們的身體狀況和精神狀況，兩者都在日益惡化。從我們的角度來看，這是令人擔憂的，因為我們的分析和觀察甚至顯示在地表的許多人『基礎』DNA的退化，這是非常危險的。這主要是由於忽視健康。反過來看，健康與深入地理解人類本性和身體組成的更深層次有關。物理部分必須與存在的微妙部分相關聯。這意味著物質的東西，也就是身體，必須與精神的東西相聯繫，也就是說，與微妙的能量和意識相聯繫。你們的社會不僅把身體從能量和意識中分離出來，而且當中有許多人完全忽視了精神的一面。這無疑是腐朽、痛苦和退化之路。我希望你能和盡可能多的人分享這一點。」

曼蒂亞說得充滿熱情、力量和情感，讓我注意到，世界上人類的健康狀況已經令人擔憂。她說，解決辦法不在於國家、國際衛生協會和機構，所有這些都只是政治、個人或團體利益的行政陰謀。這些組織並沒有改善這種狀況。充其量，它們使情況在同一水準上持續下去。我注意到她內心的憤怒，我把它理解為對人類的真誠關心和同情。

「在這個面向上沒什麼可做的，」在這個層次上，這是一個可怕的章魚：藥品、醫院和一般藥學。這種變化必須來自一個深刻的層面。

「當然。一個人必須首先改變視野和心態，」她迅速回答。「這將導致具有重大價值的新發現，將人體綜合到宇宙全息結構中。」

「問題是，」我苦澀地說，「我不想那樣。」

幾年前，我和塞薩爾談過這個問題，我對這個問題很熟悉。不幸的是，我們總是在這個地區碰到一個巨人，它似乎要壓垮一切，不讓任何花朵生長。

我的比喻立刻被曼蒂亞理解了，她對這個主題一點也不陌生。

「我們知道地表世界的嚴重局勢。對你來說，許多有害因素會導致災難性的組合。政府渴望金錢、權力和政治影響力。為了獲得它們，他們允許在食品和治療中使用非常有害的產品。許多法律都是陰險的，經濟利益的煩亂是巨大的。然而，我們堅定地說，變化來自人們；不是來自暴動，而是心態的改變。人們必須明白，他們得在觀念上產生轉變，然後堅定地維護那些那些優越的觀念，這些觀念在某種程度上意味著存在的提升。」

她停頓了一會兒，然後非常堅定地說道。

「進一步傳遞下去這點，因為任何種子都有它以後的果實。」

我自嘲地笑了笑，注意到曼蒂亞正在通過偶爾的隱喻來表達自己。然而，畢竟她是完全正確的，因為一個優越的世界主要是一個完全健康的人的世界，充滿了明亮的能量和活力。很難想像一個病態的社會，從科技和精神的角度來看也是先進的。人類的健康和進化是兩個相互關聯、相輔相成的方面，例如不可分割的鏈條。一個生病或痛苦的人，被各種各樣的生理或心理問題困住，不能集中精神，也不高效；但最重要的是，他並不快樂。這樣的狀態能帶來什麼樣的進化？

我非常清楚甚至向她表達了這一點，但曼蒂亞告訴我，阿佩洛斯的人已經找到了解決辦法，如果在這方面持開放態度和意願，他們願意幫助我們。她告訴我，在某一時刻，阿佩洛斯和羅馬尼亞人民之間的關係必然公開化；但在此之前，他們願意間接地提供幫助。

「人們必須了解健康取決於某些不可忽視或無法排除的因素。首先，這關係到他們在各個層面上的進化；這意味著要精煉和轉化他們的DNA，要從有益的意義上說，並且要取決於許多振動頻率。」

我好奇地問：「那他們如何弄清這一點？」

「主要有三個因素。首先，感官將變得更加敏感和發達；人們會愈來愈有效地使用他們的大腦。他們中的一些人將獲得超自然的能力，因為他們的DNA結構將在某些頻率上得到足夠的完善。它將與宇宙中某些物質或微妙的現實有密切關係，這形成了有能力自如地影響物質或某些微妙能量場。這與第二個必須考慮的要素相結合，就是心理和精神的平衡。第三個因素是身體。一個人實際上會『感覺』到存在於兩個更高層次的問題，以及一個人的意志如何通過各種疾病將它們轉化為物質層面的問題。如你所見，我們不能把其中一個領域與另外兩個領域分開。」

「你們在阿佩洛斯就是這麼做的嗎？」

「靈性、心理學和醫學構成了我們內心的一個集體結構。他們不是被分開對待的，就像你們世界的情況一樣。但是，我們認為，現在是振興這些思想的時候了，這些思想對你們國家的古代居民來說一點也不陌生。達契亞人運用了這種『整體醫學』的風格，希臘人從他們那裡採納了某些觀念，足以推動他們進入更高的進化階段。」

我想知道，如果古代希臘人也是這樣，那麼古代達契亞人在這方面的水平如何？我在一瞬間意識到了曼蒂亞所說的話的真實性，因為我已經知道托馬西斯[22]的居民，也就是古代達契亞人的直系後代應用了這種「整體醫學」的方式。我現在有了一個更好的解釋，為什麼我注意到了和諧、幸福、平衡，一般來說，這些人總是散發出完美的健康。實際上，曼蒂亞告訴我，人類的精神轉變，即提高意識的振動頻率，直接關係到身體的健康，我們不能只實現一個而沒有另一個。阿佩洛斯女士的心靈感應再次讓我吃驚，她立即回答了我腦袋中的想法。

「的確。一個完美健康的身體有機會進化，因為一個人就能夠經歷精神進化所必需的階段。你們的祖先知道並接受這一點，運用我正在告訴你們的原則。這些資訊被『印在』你的ＤＮＡ上，你所要做的就是重新啟動它。地球上還有許多其他人具有相同的特徵，特別是在那些保留了其古老根源的領土上。」

我提出了一個問題，關於現今相當廣泛的趨勢，這似乎是一個合理的問題。「如果人的健康和靈性相輔相成，那麼無神論者或不可知論者會遇到什麼情況？他們也很健康，即

22 托馬西斯（Tomassis）是拉杜訪問過的一個地下城市，位於羅馬尼亞東南部托米斯（Tomis）的地表城市之下。見《外西凡尼亞系列》S卷，題為《地球內部——第二條隧道》。儘管他們在精神上沒有進化，但已足夠，他們沒有痛苦。他們擁有自己的系統來解釋世界和生活，這些似乎都不會影響他們的身體。

使沒有精神上的進化，他們也可以活得足夠長而不會遭受痛苦。他們有自己詮釋世界和生活的體系，而這些似乎都不會影響他們的身體。」

曼蒂亞立刻做出回應，她美麗的臉上露出迷人的微笑。「一個無神論者只是在他們扮演的角色背景下『生活』，相當於參與更複雜的過程中扮演一個簡單的機械性角色，並受到許多力量和能量的驅使。他以一種較為溫和的方式參與生活，但他仍然認為自己是完整的。不過，這並不意味著真正的健康或和諧，因為缺乏『生命』。無神論者就像一棵枯樹，雖然它死後在森林裡持續存在多年，但是它的樹幹乾枯，絲毫沒有賦予它生命的精華。不過，他在某種程度上『活』了下來，因為他仍然用雙腳站立著。」

「那麼，人和精神存在之間的區別是什麼呢？」

「一個精神和肉體的存在是『生命』，而不僅僅是活著。」曼蒂亞回答。「你察覺到這種差異嗎？當無神論者仍然停留在一個個人的、自成體系的、看似自給自足的思想體系中時，她或多或少都意識到自己真正體現的是什麼。事實上，他們無意識地消耗了自己。這是因為他們沒有與存在、思想和感覺的真正來源相連，這種態度最終耗盡了個人的精力，耗盡了生命的細胞，並抑制了生活的真正快樂。」

當我想到一種優越的態度不會憑空出現時，我提出了一個問題。

「也許有一些內部變化是必要的，以使人能夠獲得一種優越的思想和狀態？」

「這些都是在ＤＮＡ層面上發生的，」曼蒂亞說。

「你們的文明現在所處的是一個非常特殊的時間段限制。這些階段和進化的飛躍在人類歷史上曾經發生過，是認識和發展人類文明的重要支柱。在過去，人類得到了ＤＮＡ水平上的支持，以實現振動頻率的重大飛躍；但這一次，人類必須證明他們真的想要它。這就需要對你真正是什麼以及你在地球上體現的東西有更高的認識。」我對有機會理解人類進化過程中的那些重要時刻非常感興趣，我請曼蒂亞談談這個問題。

她回答說，這是我被邀請到那裡的主要原因，我將立即開始在全息螢幕上觀看人類起源和自然的主要元素。

然後，在向我保證不久的將來再次見面之後，曼蒂亞用一個簡短的鞠躬向我和阿佩羅斯人致意。然後她從全息螢幕上消失了，留給我一種非常愉快和舒適的狀態。我被她愉快的出現、她的聲音，以及從她的目光和她的存在中散發出的火焰所打動。沒想到她提供的「間奏曲」非常有效果，讓我為接下來非常特殊的觀看做準備。在關閉全息螢幕上的影像後，阿佩洛斯人告訴我，將會有好幾個小時的觀看和交談，這就是為什麼他建議我盡可能集中精神。我有點激動，準備好了我的跨維度頭盔，坐在舒適的扶手椅上，急切地想揭開迄今文明史上還未被揭示的奧秘。

特殊的星型結構，對於生物系統發展的影響

我很高興，因為我已經對全息系統展示、解釋我所看到的圖像以及通過我的頭盔與螢幕互動的方式有了一些經驗。有人向我解釋過，對阿卡西[23]影像的處理可以非常容易地完成，但為了接收它們，我必須在思想上盡可能高效和快速地將自己與螢幕上出現的影像流聯繫起來。這樣，我就可以完全控制視覺流的發射，所有這些都會被我的心理和精神特徵所調控。

我舒適地坐在椅子上，戴上頭盔。阿佩洛斯人在我右邊坐下，好奇地看著我，問我是否準備好開始了。我點點頭，然後，在沒有任何明顯指令的情況下，第一批全息圖開始出現在我面前，自然和非常清晰。

然後，我開始觀看這部最令人震驚、最完整、最相互關聯的人類史詩，以及人類從最初的時刻到現在的演變。

我將試圖忠實地反映我這兩天在視覺效果中所看到的東西，但訊息量太大，衍生的解

23 作者在這裡指的是「宇宙記錄」，其中包含宇宙中曾經發生過的任何事實、思想或現象。這些記錄的背景是阿卡西（akasha），梵語的意思是「空間」、「天堂」或「乙太」，在外西凡尼亞系列的第2卷《外西凡尼亞的月光》中介紹了有關這一概念的內容。

釋太多。

因此，第一步，我先將這一主題進行總體概述。在這篇文章中，我將提及其他相關的資訊，以便以最佳的方式吸收現有的元素。在觀看的過程中，隨著時間的推移，我學會了這種方法，並意識到這方法最適合將資訊印在我的記憶中，至少在一定程度上是這樣。此外，由於資訊量太大，我經常停下來寫下一些要點或勾勒出對我來說很重要的內容。

第一次會議持續了九個小時，第二次會議持續了八個小時。通過令人難以置信的準確性介紹和令人驚嘆的圖像整合，這兩者都標誌著我的生活發生了深刻的變化。這是一個關於「真實人類歷史」的虛擬課程，傳達了一種知識，通過提出的現實主義和明晰的真理，摧毀了任何神話和偏見。即使知道我現在能夠呈現的某一部分，但所有事物完善的展示方式的也深深地吸引了我。

正確地說，我認為這是一部「真理的皇家歷史」，充其量只是部分被人知道，通常是被扭曲和操縱的。

作為我培訓的必要部分，來自阿佩洛斯的人向我透露，人類的進化和發展除其他因素外，還受到幾個恆星、行星結構和太陽系的諸多影響。每個恆星、行星、衛星或其他天體，例如彗星，或多或少地作用於生物系統的發展，這種現象一直在發生。

儘管我還沒有完全了解當時的情況，但是自然界和所謂的人工影響都深刻影響了靈長類動物在地球上的進化。在全息螢幕上，我首先看到繁星點點的天空，但是在蔚藍的背景上，星星看起來像一個帶著明亮光芒的圓圈。

這不是宇宙空間的黑色，但我看到了一片相當明亮的藍色天空，這是非常令人愉快的。其中一些星星有些突出，其形狀像矩形的文件檔，上下邊緣呈圓形，就像在個人電腦上工作時會看到的文件檔圖標一樣。每個文件的左上方總是有三個帶有特定標記的圓圈。我注意到第一個符號，即左邊的那個，出現在每個星星上，與字母E相似。

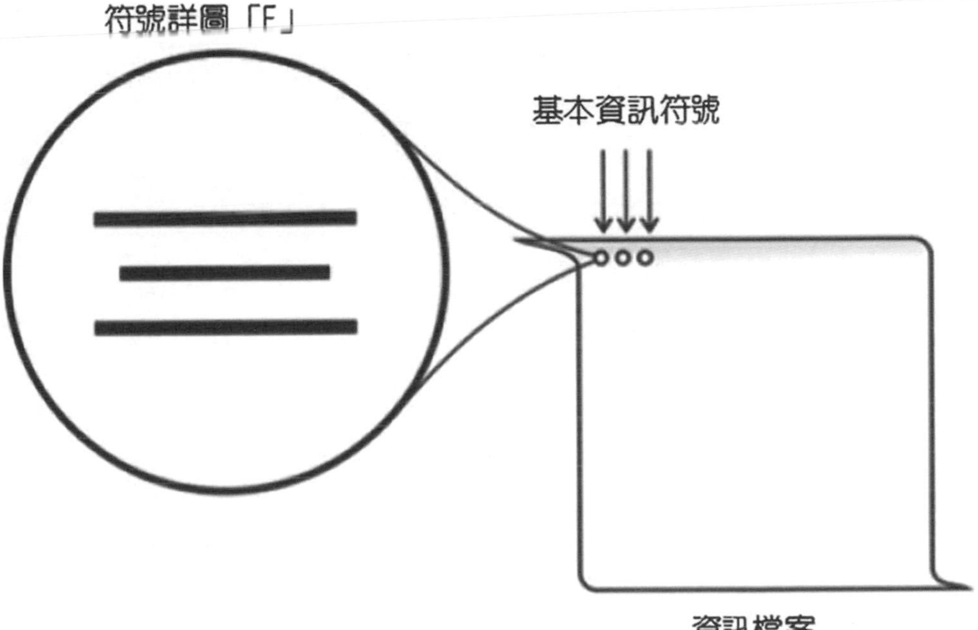

恆星符號「E」

在這些文件的右邊，有兩條「動態的」垂直線，充滿符號，不斷變化並具有不同強度的光亮度。

接著，我們的太陽系出現了，它的行星處於恆星之間的幾個「關係」或連繫的交叉點上，這些關係可以被比作「恆星射線」的力量。

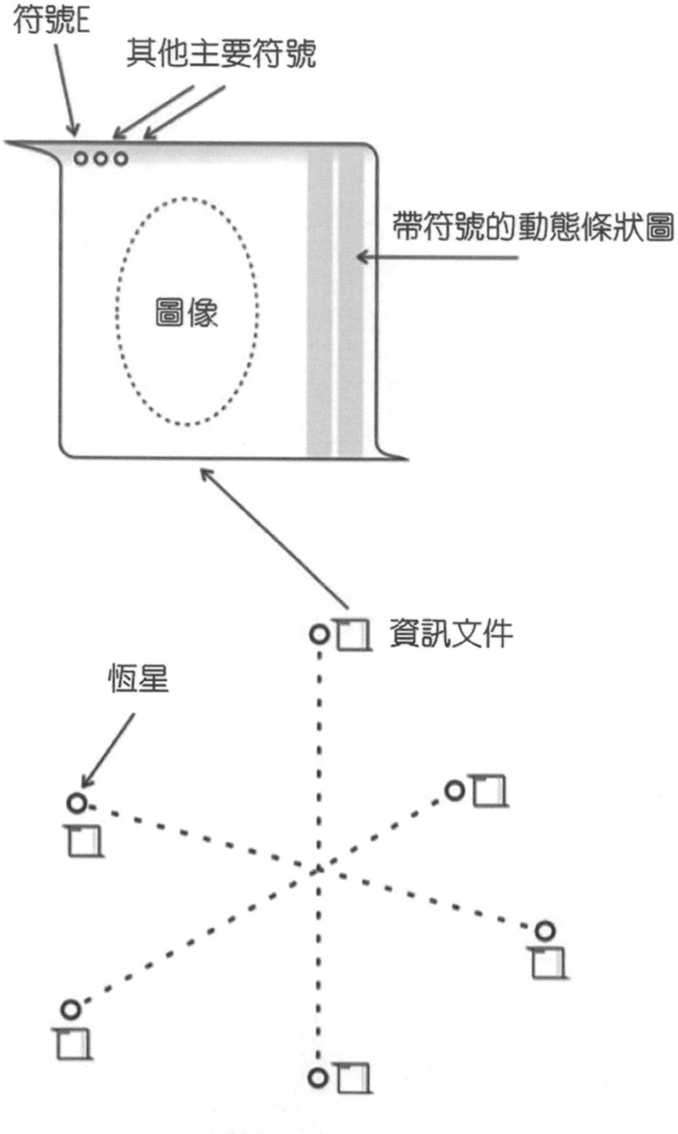

在宇宙星體的排列中，
每顆星上的符號及表示之資訊文件檔

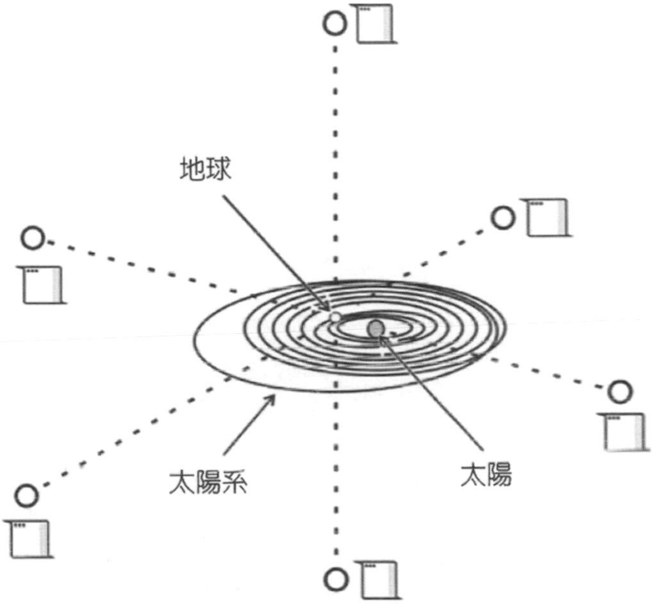

恆星排列集中在地球的中心位置
引力作用微弱但持續

影像變得更大，太陽系的行星也被突出顯示。我注意到，相對於傳統意義上對太陽系的理解，這幅圖像在某種程度上是「旋轉」的，且沒有像現在這樣的軸傾斜。例如，我看到今天與埃及相對應的區域靠近赤道。

接著，影像接近了地球，基本符號E被指定在三個地方，這「標誌」了三個不同的地區：一個在今天的埃及，更準確地說是在西奈半島；另一個在阿拉伯；第三個是在目前波蘭的地表上的某個地方。這些符號閃耀著不同強度的光芒：西奈半島的符號最為強烈，其次是阿拉伯半島的符號，而波蘭的符號最為模糊，不那麼顯眼。

我的結論是，這可能表明了某些事件的時間線，但也可能表明了這些領域在特定背景下的重要性。

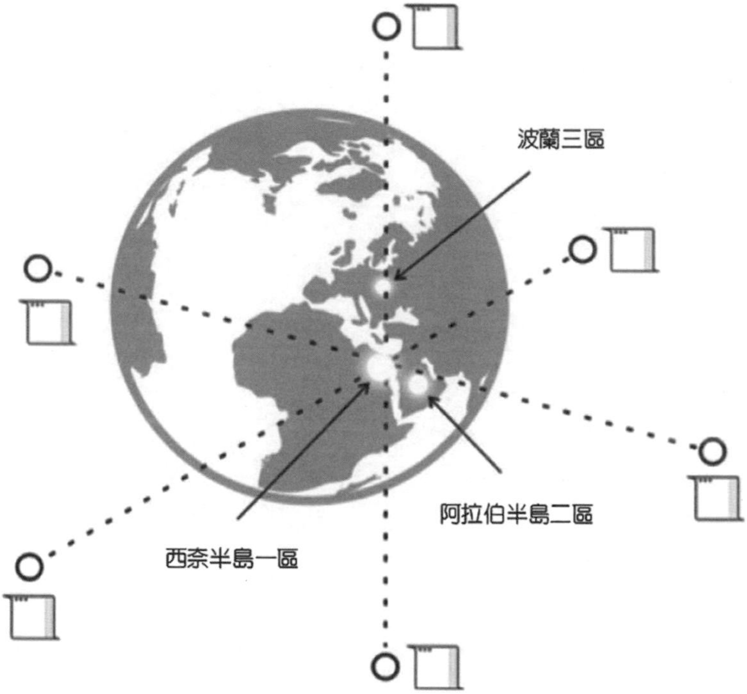

地球上有傾斜軸符號「E」的三個主要區域

地球上第一個至關重要的DNA轉化

圖片變得更加細緻，聚焦在西奈半島底部山谷中的丘陵周圍。與今天的沙漠不同的是，該地區被茂密的植被覆蓋。

隨後，山谷的影像顯示出大型靈長類動物，即進化的雙足猴子。我注意到面部和頭骨特徵與普通猴子的特徵不同。那原始的雙足動物是一個不太大的群體的一部分，牠將自己與其他動物區分開來。據我所知，牠似乎是這個群體的領導者，因為他在指揮其他生物到某些地方尋找食物。

我在影像中看到的一切都伴隨著一個特定的符號，出現在一個人、一個物體或一個區域的右邊。

雖然我不知道這些標誌的意義，但它常常暗示我需要特別注意的方向。例如，一個標誌在領導者的全息圖影像附近，會以一個紅色的脈動表示。後來，我明白，當一個信號有這樣的特徵時，所指示的生物或動作在所呈現的情況下是非常重要的。在其他情況下，標記可以是靜態的，也可以是彩色的。

想要看一個特寫，鏡頭擴大到靈長類動物的特定生物學，首先「進入」它的組織，接著進入細胞，最後進入它的DNA結構。在這個滲透的過程中，我感覺到我被來自阿佩洛斯的人舒適地引導著。螢幕上的影像伴隨著「恆星射線」的相交，以表明第一批影像中恆星的影響，這些影像是特定恆星排列的一部分。

它們就像白紗線，暗示著某種宇宙活動。事實上，在那之前，這些「射線」一直是影像的一部分，但我之前並不理解它們的含義，這就是為什麼我沒有給它們太多的權重。然而，我注意到，隨著影像在靈長類動物解剖結構的微觀層次上穿透得愈來愈深，「射線」變得愈來愈強大，直到在某個時候，當它們到達螺旋狀ＤＮＡ結構的某一層時，恆星射線集中在靈長類動物ＤＮＡ的一個地方。這一點對應於時間的某個時刻和空間的某個地方，在那裡某種宇宙的影響被施加到靈長類動物身上，我把它看作是出現在每個檔案開頭的一個特定符號。那時我才知道，這對後續的更改表示了非常精細但根本的影響。

儘管有些人很難接受恆星可以對人類的發展產生如此大的影響，但我已經在全息螢幕上跟蹤人類進化的結果意識到，恆星和它們形成的構圖永久地以這種方式起作用。

在某些情況下，為了創造一個特殊的結構，特定的恆星排列可能需要幾十萬年的時間來決定性地影響某些物種的ＤＮＡ。這些結構或恆星構型可能會持續數千年甚至數萬年，在這段時間內，這些物種的ＤＮＡ的修改就會完成。全息螢幕上顯示，這段時間對於促進地球上一個「曾祖父」ＤＮＡ的轉化是至關重要的。我看到了恆星的影響在靈長類動物的ＤＮＡ結構的某個精確點上發揮作用，突出顯示了看起來像是具有其鍵的原子。我很容易就認出了碳原子，並看到恆星的「射線」已經「改變」了它的一個鍵以及其餘的DNA結構。

在DNA大分子中，碳「利用」它的四個價電子形成共價鍵。DNA大分子支持氧原子和氮原子之間的鍵，但碳原子中電子軌道排列的幾何形狀可以改變氧原子和氮原子與人類DNA[24]的四種基本成分之間形成的鍵的未來類型，碳原子創造的聯繫有一定的表現模式，但通過新的宇宙「實現」，這些模式有一個「分支」；也就是說，碳原子產生更多類型鍵的可能性新增。因此，創造共價鍵的量子可能性倍增導致了DNA極性的變化。因此，極大地增加了創建其他新連結的可能性。

我們已經清楚地看到了恆星射線是如何來的，並「倍增」了電子沿幾個軌道運動的可能性，實際上新增了碳的電子雲。電子在這個區域變得更加自由，創造了新的連結，為靈長類動物DNA的新發展開闢了道路。

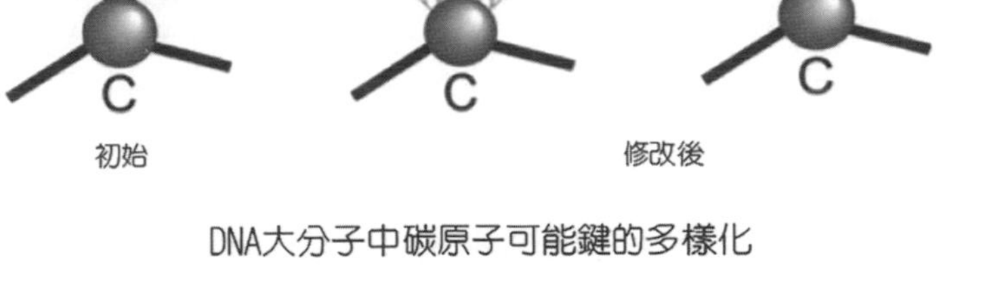

DNA大分子中碳原子可能鍵的多樣化

24 DNA結構中的四種不同類型的有機分子或鹼基是腺嘌呤（A）、胞嘧啶（C）、鳥嘌呤（G）和胸腺嘧啶（T）。

符號E—I和E—U，重大的宇宙同步性

我很高興我已經破譯了主要星號的含義，但我一想到這個，一個新的符號就出現了。明亮且非常接近恆星（E），這也是一個基本符號，中間的線條有一個「突起」。這個新符號的出現伴隨著一種明顯類似於「E—I」的有聲語言的鏗鏘有力的表現。接著，螢幕上又出現了一個星星符號，在這種情況下，我聽到了「E—U」的聲音。E—I符號的聲音顯得稍微尖銳，而E—U符號的聲音聽起來更柔和、更安靜、更自由。

事實上，這些符號，我在這裡呈現為E—I和E—U，它們以圖形形式接近我們所知的E形，但實際上，它們以恆星排列和位置的形式形成並代表了指明某些宇宙頻率的符號，這些符號揭示了星系中一組恆星的某些影響。然而，後來我發現這個特徵也存在於行星位置或其他重要天體上。

我特別注意到了與字母E有關的三條水平線的基本符號。其實，它更像希臘字母Xi（Ξ），中間的一行比另外兩行略短。這

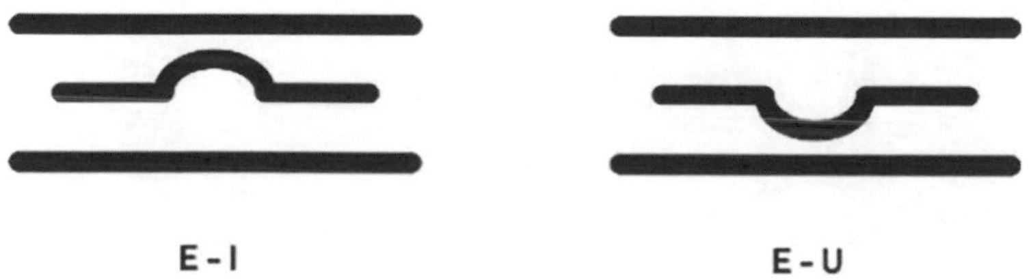

E符號E-I和E-U的細微差別，代表不同的頻率族群

不是巧合，我們在一些非常古老的精神傳統中也發現了這一點，比如印度的濕婆派，這個體系的追隨者在額頭上畫了三條線（白色或紅色）。然而，這不僅是當地的習俗，而且在銀河系層面上也是普遍化的。

我發現很有意思的是，我看到了這些基本的宇宙符號的巨大重要性。在螢幕上，我看到了開始的那一刻，在我們銀河系的一個大扇區中有一個對應的區域。有一種銀河系的許多恆星與我們中間的行星「結盟」。不知何故，我意識到在那個時候，一個局部的銀河現象發生了，這在一段時間內創造了一種視覺感覺，即地球正處於那些恆星運動之中。

換言之，當時銀河系中天體力學的參考點是地球。當然，這些圖形表示是「基於紙張」的關聯，但就像天文學和占星術一樣，由於在一定時間內產生的微妙的能量影響，有些非常重要和重大的宇宙同步性，這是不能忽視的。

恆星符號 E—I 的神秘意義

然後，就好像是在跟我說話一樣，一個非常特殊的恆星排列方案出現在螢幕上。

它由六顆星組成，兩顆星相連（見下圖），我當時認為這只是對地球的某些引力影響。與此同時，我意識到恆星的配置也代表了某些恆星特徵之間的相關性。這是一個重要的系統，由6＋1個宇宙物體組成；也就是說，六顆星和我們的星球在這個特殊的天體結構的中間。

那個美好時代的「瞬間」持續了大約一萬年，其意義在於地球當時是一種真正的力量。這是一個發生在很長時間間隔內的宇宙危機，正如我從心靈感應理解到的那樣，非常先進的外星文明明智地觀察、理解和利用了這一點。

在那個宇宙時刻，這是一個特定的恆星構型，表明地球上誕生了繁榮文明的條件，從當時存在於地球表面的偉大靈長類動物的DNA開始。這樣一個非常有利的環境也為先進的外星文明提供了計算自然或人工事件需求的可

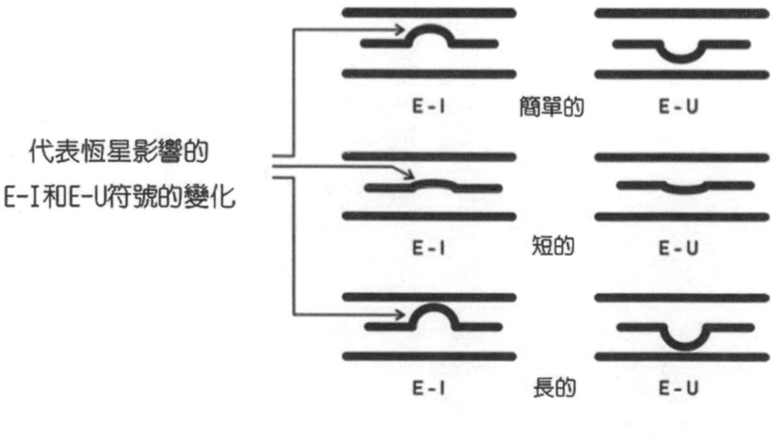

能性，這些自然或人工事件可以加速靈長類動物的發展。

許多這樣高度發達的外星文明，在地球生命的「形成」和發展過程中，充分發揮了「父母」的作用，從某種意義上說，他們已經成為地球和人類的精神之父。

回到螢幕上呈現給我的全息影像，我看到兩個符號表示（E—U和E—I）可能有不同的細微差別，以幾種方式進行轉換，例如更長或更短的E—U，更高或更低的音調等等。然而，我對E—I或E—U星符號的半圓很感興趣，因為我不明白它的意思。

我知道我所擁有的科技為我提供了一種獲取資訊的驚人方式，我把我的注意力和興趣集中在這一點上，因為我的經歷也是一個學習的過程，是我個人對比我們地球表面上的技術更先進的參數的調整。當我把注意力集中在E—I和E—U符號結構中的半圓的意義上時，我在全息螢幕上看到半圓是如何從兩個符號的圖形中「展開」並變得孤立的。

在每個半圓的右側，出現了幾種類型的排列方式：星星、漩渦（其含義我後來理解為陰陽結構），甚至原子，我們看到它有一個巨大的原子核，一個被電子「雲」或「霧」包圍的閃光，也以漩渦的形式出現。

接著我證明了一些電子的特徵是具有某種原子結合的能量，這種能量似乎與物理平面分離。換言之，這些電子實際上被耦合到微妙的乙太面，它優於物理面，即使它們屬於不同的化學元素。例如，一個碳原子的電子可以與一個氧原子的電子耦合。這種微妙的乙太維度耦合，在E—I或有時E—U的圖形，用半圓精確地標示著。

它們的耦合意味著它們來自同一個乙太微妙振動頻率家族，在我的大腦皮層，這些資訊被心靈感應合成為一種深刻的理解，作為一種無法表達的表達被接受：「同一個超光速子家族」。

我知道科學家定義的迅子（tachyon）是什麼，但是他們也認識到它們是「假想的」粒子，因為它們不依賴於時間，也不存在於或屬於物質世界。

然而，現在我明白了，事情根本不是這樣的。我看到了兩個這樣的電子，在穿越一團其他電子雲的過程中，如何在一個點上「發現」並通過它們相關的共振相互「耦合」。

然後我意識到兩個這樣的電子，即使它們不在同一個原子中，仍然「微妙地」

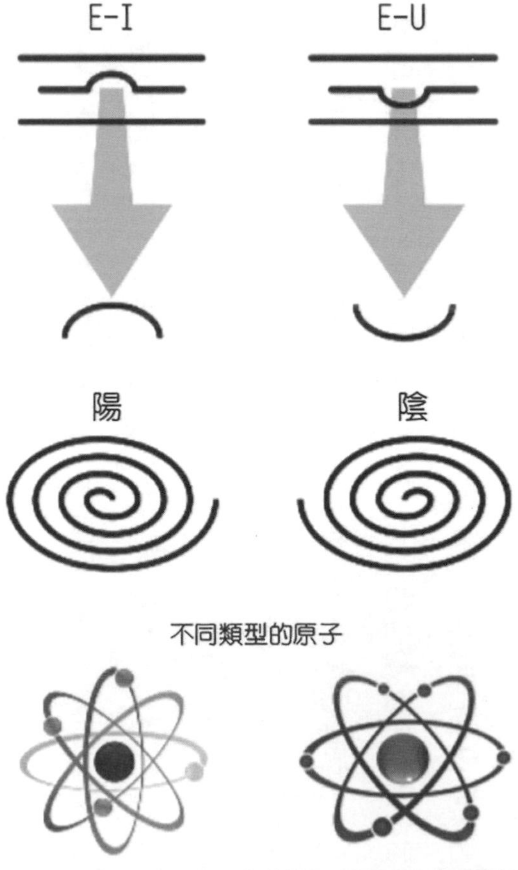

E-I及E-U符號與恆星和自旋特性在原子層面上的相關性

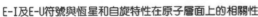

乙太束縛在一起。這一現實給我留下了深刻的印象，並立即讓我想到量子物理學中最奇怪的現象之一，稱為糾纏[25]，但我將在另一卷中談到這一點，因為它是理解宇宙最迷人面向的基礎。

通過共價鍵創造新分子

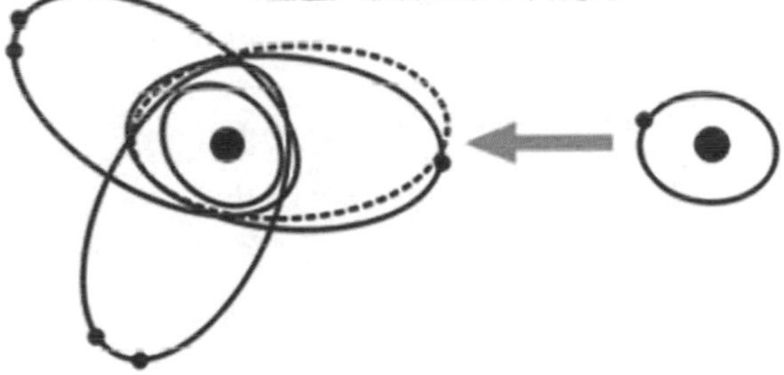

共價鍵只在某些原子之間形成，
而電子在乙太平面上已經與這些原子耦合

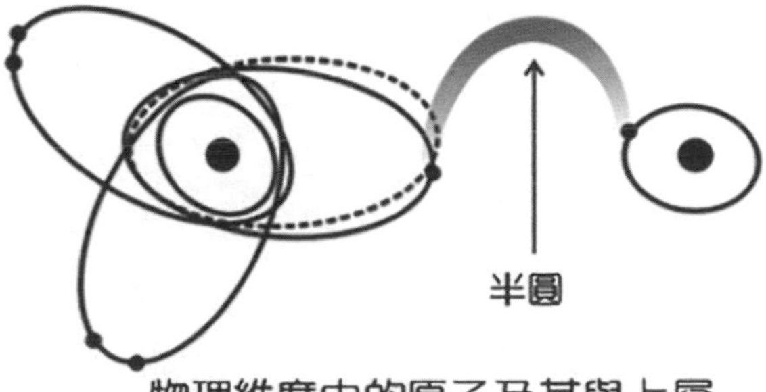

物理維度中的原子及其與上層
乙太維度的「耦合」，用半圓表示

25 糾纏現象是量子力學特有的一種現象，在這種現象中，其中彼此相隔甚遠的微觀粒子可以進行瞬間而神秘的資訊交換。這導致了它們量子態（Quantum state）的相互改變。然而，近年來的一些研究表明，糾纏現象（翻譯為「量子不可分性」）不僅表現在非人類物體中，而且也表現在細菌等活生物體中。【羅馬尼亞編者註】

另一種DNA「波」的修飾

接下來，就好像螢幕後面的情報人員或我的特殊頭盔知道我理解所呈現的方面一樣，螢幕上出現的影像顯示了碳原子與其他原子的結合，由於我之前提到的恆星影響，在地球上的靈長類動物身上創造了幾乎另一條DNA鏈。

雖然新DNA的形狀也是雙螺旋，具有相同的原子和分子組成，但我仍然認為它比靈長類的DNA更複雜。這是因為結合起來創造DNA的氧或氮原子具有微妙的品質。

幾乎就在同時，螢幕上顯示了物理上的DNA大分子，以及存在於DNA中的原子之間的微妙結合。我在原子影像上看到了一片明亮的雲，它代表了DNA物理部分的乙太電荷。微妙的是，大分子看起來像一個扭曲的海綿，在某些地方，我可以看到一些發光的集群。它不僅僅是一個扭曲的梯子，更像一個「管子」；在某些區域有亮點，代表某些DNA原子的核，也就是那些發生了變化的原子核。出於好奇，我把注意力轉向了其中一個在我看來非常漂亮的地方，畫面立刻變得非常明顯。然後，更多的檔案開始出現，包含了很多我不懂的符號和符號形式的資訊。然而，我意識到，在這些檔案中，有多麼深刻的資訊，在非常深刻的層面上呈現了這些問題的現實。

「通過這種方式，你可以找到所有你想要的關於這裡每個原子或電子的歷史，或者任何其他粒子或成分的資訊；這包括它是如何出現的，它是如何發展的，它經歷了什麼樣的轉變，等等。你可以愈來愈深入地了解更多的資訊，」來自阿佩洛斯的人解釋說。

我提到了我所熟知的修改過的ＤＮＡ形式。仔細觀察，我可以看到裡面的雙螺旋槳形狀，扭曲，顯然與恆星爆發前一樣。然而，作為一個整體，新的ＤＮＡ大分子似乎更具活力，更生動。

我注意到，它的動力主要來自某些微妙的乙太能量的「簇」，就像圍繞在外部ＤＮＡ周圍的明亮的小雲團，傳遞著這種動力的感覺。它們移動，不時與上層的電子相互作用，並在ＤＮＡ中產生各種物理光效應。

這些乙太「簇」代表了複雜的符號，但在每個符號的開頭，都發現了Ｅ－Ｉ，它的影響創造了ＤＮＡ鍵更為動態、平滑和敏感的可能性。通過這種方式，我了解到ＤＮＡ大分子水平上「量子敏感性」的提高，使得地球環境能夠進一步類比靈長類動物的基因，並顯著加速其進化。

網絡型態的「心理科技」——視覺化的恢復

當我對自己說，物理層和乙太層之間的所有聯繫，開始變得相當複雜，可能與一個可觀察或可量測的現象相關時，我立刻注意到全息螢幕上的影像開始變得模糊了。

阿佩洛斯人告訴我，這是由於我對我互動的設備的心理干預。必須尊重的原則是我要正確地理解提供給我的訊息，並提出連貫的問題。為了對事實和事件有一個很好的表述，那個人建議我不要介入任何事情，因為個人推斷影響了阿卡西[26]紀錄的正確呈現。

「好吧，但為什麼會發生這種情況呢？」我困惑地問。

「在這個科技階段，人和設備之間的相互作用是在量子層次上完成的，」他解釋道。「你所認為的一切都與設備的系統『相互作用』。如果你的注意力和所選的觀看對象不一致，影像就會中斷。你的想法和情緒只會在一開始有助於啟動主題，你可以在移動中調整一些影像，根據你的特殊興趣關注你正在看的東西。這就像是朝著某個特定的方向走，但是如果你的思想『滑』進各種各樣的偏離，那麼你就中斷了你的突觸和設備發出的累積電

26 作者在這裡指的是「宇宙記錄」，其中包含宇宙中曾經發生過的任何事實、思想或現象。這些記錄的背景是阿卡西（akasha），梵語的意思是「空間」、「天堂」或「乙太」，在外西凡尼亞系列的第2卷《外西凡尼亞的月光》中介紹了有關這一概念的內容。

磁波之間的連結；在這種情況下，它將不再對你做出『回應』。」

我被這一技術的描述驚呆了，我克制自己不作任何評論，因為我知道這是當代物理學實驗中量子現象的真實情況。當我停止了演繹的過程並準備好停止自己的思考之後，我又開始觀看在圖片中看到的生動體驗。

我注意到，我對我所看到的東西的理解是非常重要的，因為我的認知過程導致了隨後全息螢幕上影像解釋的發展。如果我的理解不清楚，甚至是完全不理解，那麼成像和資訊的處理就停止了。我使用這種高科技設備的經驗告訴我，一般來說，如果我沒有「問」或沒有意識到這些，它不會強調任何東西。

在恢復與這個裝置的互動過程中，我重建了我對人類起源的想法和最初的興趣，並意識到這種中斷實際上給我帶來了對當時銀河系歷史所發生的事情的進一步了解。

通過我和頭盔之間神秘的心靈感應互動，我意識到有一個宇宙任務，就是在我們的星球上創造一個新的人形生物；此外，那些先進的外星文明必須「改變」地表靈長類DNA分子中的古老基因連繫，以加速進化，並在這一過程中給予它一定的和大大改進的方向。

然而，這樣的干預是完全符合普遍的和自然的宇宙法則下進行的，因為一切都是在多個層面上綜合的，並且與宇宙的維度同步，而不僅僅是在物理層面。例如，我問這個

「改變」是如何開始創造一個更接近自然、新的且更優秀的人類。我已經看到「啟動DNA」是如何準備的，因為符號E－I所代表的特定恆星構型的能量影響，通過「動態化」將其從「麻木」或休眠中喚醒。

現在，我想知道，對於形成一個新的獨特種族的人形生物的過程，究竟意味著什麼，即人類本身以及這個過程的細節是什麼。我將在下面解釋這一點，但我逐漸明白，在一個生命的親密結構中，就生命的「密碼」而言，這種根本性的改變不可能像某些人想像的那樣，用「手術刀和剪刀」粗暴地完成。

銀河級別和有益的干預

是什麼引起了這種必要的「分裂」，以開始調節「基本生命」的特徵，從而獲得一個更高度進化的生命？這不僅僅是因為基因操作的干預。儘管這已經在很大一部分人身上做了這樣的事情，但他們發展的隨機性仍然存在，因為個體的本質是不同的。

你不能僅僅通過「手術」干預來決定或支配，即使它是複雜的和技術先進的。自然界將採取這種變化並在這些生命中發展的方式是無可替代的。換言之，你不能簡單地通過無休止的基因干預來「製造」人形生物，希望它們成為「自主的」，並擁有良好穩定的DNA大分子結構，以確保新物種智慧生物的成功。

除了這類在某些時候無疑是必要的干預之外，還必須允許生命的自然過程按照其週期性規則進行，因為進化過程不僅僅是在物質層面上的某些操作，還涉及更微妙的維度，如細微身（Subtle body）和生命的靈魂。我們談論的不是一個簡單的複製人或機器人對新生命的決定，而是存在的各個層面的完整性，所有這些都必須加以考慮。

為此，地球靈長類動物進化的最佳方法被認為是某些高級外星生物提供的微妙幫助，以促進那些已經達到一定發展水準的靈長類動物的身體發展。正如我所看到的，在一些先進的外星生物和發達的靈長類動物之間有一段非常有趣的糾葛。

然而，如果沒有對地球上的靈長類動物的ＤＮＡ進行最初的干預，包括對ＤＮＡ大分子內的某些元素進行「修飾」，從而產生一個新的高級ＤＮＡ分子鏈，這將是不可能的。

正如我們所表明的，這是通過在特定的時間和空間，將特定的E—I能量集中在靈長類動物ＤＮＡ的某一點來完成的，以便對碳原子中的鍵之創建方式進行必要的改變。因此，碳原子與其他原子結合的可能性和一個新的高級ＤＮＡ鏈的「構建」是可能的，這是在特定於各自恆星構型的能量的永久影響下實現的。此外，更深層次的「修飾」涉及到地球上靈長類動物的ＤＮＡ與外星生物基因的結合，所有這些都發生在不同的階段，外星生物承擔著人類父母的角色。就這樣，一個新的人形生物的形成過程開始了。[27]

27 人類ＤＮＡ的外星起源已經被許多研究人員證實，但它還沒有被當代科學正式承認。哈薩克共和國研究人類基因組的一些專家斷言，經過13年的熱烈研究，人類ＤＮＡ是由一個先進的外星文明在進化過程中構思和設計的，這個文明「植入」了一個非常複雜的程式，它有兩個版本：一個包含廣泛的結構化程式碼，另一個包含簡單的基本程式碼。在研究結束時，科學家們得出結論：「遲早（……）我們將不得不接受地球上的所有生命都帶有我們外星表親的遺傳密碼的特徵，事實上，（我們星球上的）進化並不是我們所相信的那樣。」【羅馬尼亞編者註】

時態數據科技：符號頻率準確地顯示了極小的精確時間

當我回到DNA修飾的歷史以及E－I和E－U中E的發展時，我想知道這種非同尋常的現象發生的時間。那時我注意到，文件中垂直符號之間的空間並不規則，而是有著不同的距離。那一刻，我對這些距離代表時間值這一事實有了心靈感應。它們有不同的顏色和寬度。有的比較薄，有的比較厚。

然後，在兩列符號之間，出現了某種「橋樑」連繫，我認為這是與頻率相關的「符號」。我專注於它們，然後其中一個「符號」逐漸增長，我甚至可以聽到一個鏗鏘有力的聲音。通過跨維度頭盔的直觀感應，我隨後了解到該頻率與我想知道的時間相關。在我的腦海中瞬間體現出這種理解，我發現頻率的周期與數字4相關。

接著我將注意力轉向其他的「符號」（即頻率），我明白了地球上靈長類動物第一次DNA變化的時間。換句話說，當新資訊的首次實現出現時，人類一切開始的那一刻是由「射線」的作用造成的，在靈長類的DNA大分子中，碳原子鏈的第一個重大變化。隨著我獲得的普遍理解，並通過繼續理解如何解釋頻率的過程，大約在43萬2千年前，影像中向我揭示了尋找的時刻。

然後，我看到了其他重疊的符號，這些符號甚至更徹底地指示了該時間段，但是我無法再對其解密。我很難集中注意力，可能是因為資訊的精煉程度太高了。然而我確實意識到，這些符號準確地顯示了時間、小時甚至是更精確的時間。設備總是根據觀眾的意識水平來決定觀眾能看到什麼。

例如，我可以說數位2後面的第一個數位是7，即使它有點振盪，但有些地方不清楚。因為我不能很好地「感知」這個頻率。換句話說，年數趨向於43萬3千年，因為它實際上是432,7（_ _）。然而，在7後面，所有的東西都趨於淡化，因為這些資訊對我的感知來說太精細了，我開始聽到一組複雜的聲音，我無法很好地解讀。

一場盛大的宇宙劇場

該設備呈現的物品的準確性讓我感到震驚，螢幕上的影像和符號幾乎立刻開始倒帶。接著我看到另一個時間點，大約一萬年後，大約是公元前421,3（_）年，這是影響靈長類動物ＤＮＡ中碳鍵的恆星排列的長度。這是人類ＤＮＡ發展的一個新階段，因為我此後看到了另一個具有更多進化特徵的靈長類動物。

在這一點上，這些影像並沒有持續太久，但它們進入了第三階段，據我所知，大約是372,5（_）年，儘管我對圖5的準確性有些懷疑，因為我的意識有時會將其與圖6混淆。然而，這個錯誤相對較小。

螢幕上出現了一個巨大的外星飛船的影像。它是球形的，大得驚人，像個小行星。我可以做這個比較，因為它離地球很近。

在影像穩定並聚焦在飛船的中央控制區域之前，巨大結構的不同區域都有一些快速的「閃光」。我們看到一個大房間，裡面有人形生物，比我們現在的平均水準還高。影像停了下來，聚焦在一個巨大的全息螢幕前的人身上，他似乎是船的主人。在那一刻，我看到了船長如何決定發射一個電磁訊號，它與恆星的引力影響混合在一起。我注意到，如果我想像一條線從那艘船穿過地球的中心，恆星就在截然相反的區域。

在這艘巨型飛船控制室的全息螢幕上，我們看到了一系列線性的線條和符號，這些線條和符號類似於我們現在在占星術地圖上看到的恆星，但細節的準確性令人吃驚。於是我感覺到了阿佩洛斯人的幫助，因為我所處理的知識的複雜性使我的思想容易陷入困境。

我收到了心靈感應的資訊，飛船的指揮官看著螢幕上地球的靈長類動物的ＤＮＡ產生變化的可能性，從而支持前面提到的ＤＮＡ螺旋鏈中碳原子的改變。然而，我注意到，當地球上人類的起源這一主題被重新啟動時，當時的資訊比最初第一次呈現給我時要詳細得多。

我已經通過精神和情感模式的稜鏡來解釋了這一點，當使用全息螢幕和跨維度頭盔時應該使用這些模式，但也通過對我已經知道的東西的某種理解來解釋。同時，我認為這樣的科技對現代科學來說是不可想像的，但我立刻意識到，由於我注意力的波動，影像開始模糊。

阿佩洛斯人再次介入，對圖像進行校正，這樣我就不必「倒帶」回到開頭處。他用心電感應的方式對我說以下的話。

「的確。在構思某物和實現的科技水平之間有著巨大的差異。以這種方式進行工作，你們的科學家甚至都不懷疑可能存在的恆星影響，這對我們來說也是令人印象深刻的。無論如何，你在螢幕上看到的這一時間是根本的，這代表了你們種族作為高級人類的開始。」

「你們不屬於同一個種族嗎？」我問道，稍微吃了一驚。

「是的，只是與我們有進一步的混種，我們在阿佩洛斯孤立地開發，在沒有任何不良干預的情況下進化，但對你們來說，情況更複雜。」

接著，那個人做了個手勢，邀請我跟隨這些特殊啟示的歷史線索。

當巨型飛船出現在我們星球附近時，地球上的生命階段似乎非常重要。當時的影像呈現了太陽系空間衝突的痕跡。然而，我看不出宇宙中這場衝突的性質，是誰決定了這場衝突，或者這場衝突的原因是什麼，可能是因為它不在我所關注的主題範圍之內。

這些圖像僅顯示了太空戰爭中的一些場景，但我對地球上的高級人類是如何形成的非常感興趣，這就是為什麼這些衝突的影像以一個相當快速和閃爍的順序出現，僅指出了次要故事中最重要的部分，就像那個空間衝突一樣，但它仍然和我感興趣的主題有某種連繫。

第
5
章

恆星層面微妙的乙太連繫：人類DNA的改造計畫

我看到了一個完全先進的基因工程項目，它是高度和徹底的工程，這是由非常特殊的天狼星技術支援的。這一修改靈長類DNA的宏偉計劃，從量子層面到銀河系，所涉及的行動和力量已經達到了極致，以今日的科學概念來說幾乎是無法想像的。

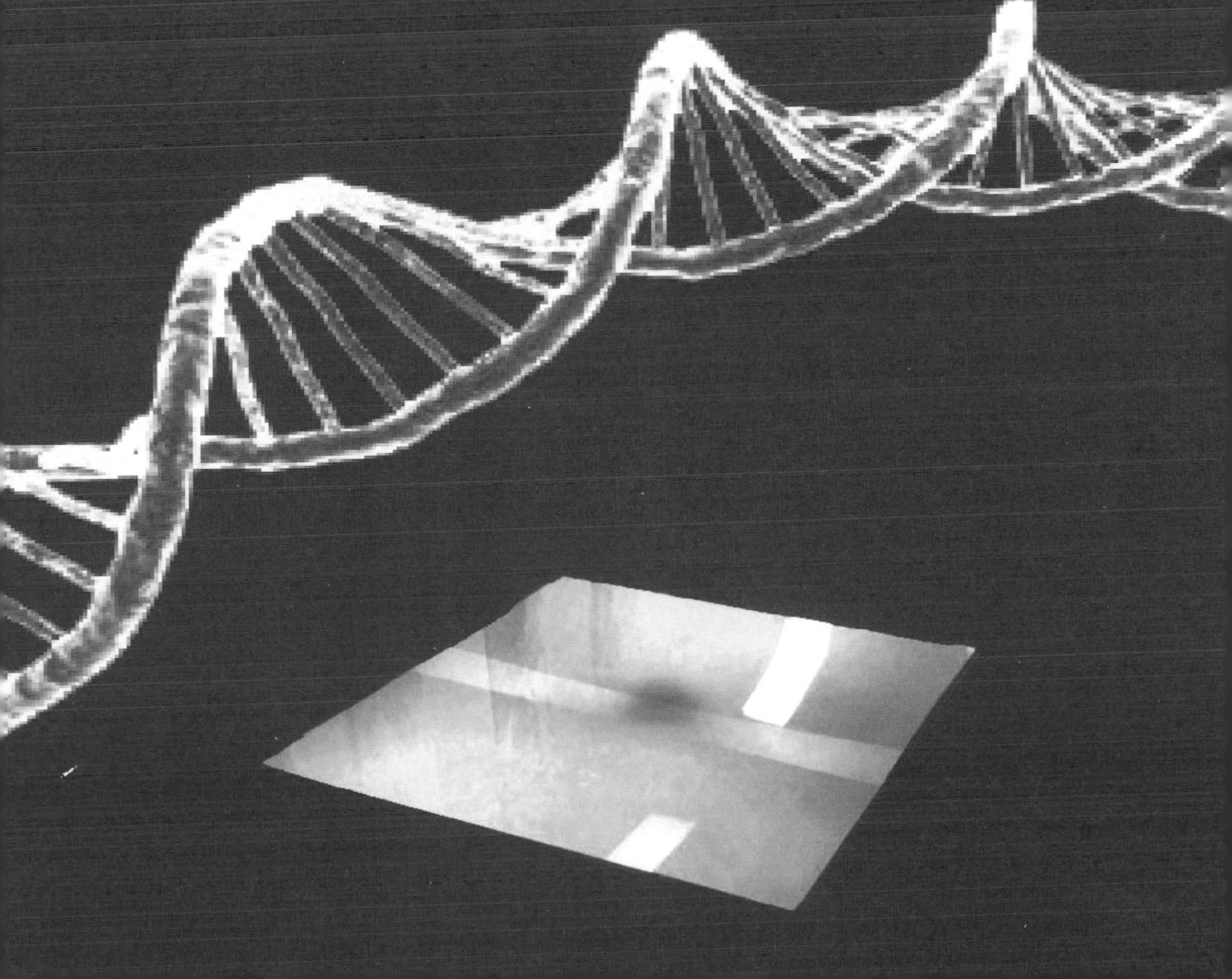

我看了一些可怕的太空戰爭之後那段時間的照片。起初我並不明白其中的原因，後來我才知道。

在敵方艦隊的多次猛烈攻擊下，這艘巨型飛船遭到巨大破壞，需要維修。我看到有人決定從地球上選取礦石，因為我注意到有多少其他的小型飛船從這個巨大的球形飛船降落到地球上，然後返回並把各種資料帶到軌道飛船上。我收到了一種心靈感應的理解，他們攜帶著一些礦藏，其中黃金是最重要的，因為這種金屬是母船的一部分。這實際上是對上個世紀發現和翻譯的蘇美爾石碑上所寫內容的證實。[28]

正如我從該地區的地理位置所認識到的那樣，船隻從此處到達然後又攀回太空的交匯區是阿拉伯半島。[29]

28 間接引用了撒迦利亞·西琴（Zecharia Sitchin）關於蘇美爾石碑內容的書，這些石碑描述了地球上人類的進化過程【羅馬尼亞編者註】

29 這與石碑上的描述不同，石碑上的描述表明，黃金和其他金屬的開採始於南非。在阿拉伯半島選取的物質，然而，可能不是在非洲開採的黃金，可能是由其他船隻開採的。【羅馬尼亞編者註】

第一次接觸

這張影像聚焦在一艘中型外星飛船上，該飛船降落在一個植被稀少、岩石相對多的地方。當船上的生物裝載了更多的平行六面體容器時，畫面發生了變化。

我看到了這些平行六面體的操縱是如何通過懸浮和僅僅用手勢來完成的，沒有任何東西被觸碰到。這樣一個相當巨大的物體被從載體中拉出，然後通過懸浮將其垂直定向，並停留在距離地面約一公尺高的空中。

埋在地下的「燈管」從地下冒了出來。我可以通過它們看到一種「液體」是如何從地下提取出來，然後將其存儲在容器裡的。不由自主地，我認為這是我所見過的最簡單、最先進、最有效的「採礦」形式，但畫面開始出現不穩定的跡象，所以我再次關注呈現的內容，希望了解這一切的意義。

在那片地區的岩石和植被中，我能在照片中看到一群土著生物，一種進化更為成熟的靈長類動物，類似直立人。他們好奇而恐懼地看著船和周圍的外星人，仍然保持著舒適的距離。

有一次，其中一個外星生物，似乎是運輸船的指揮官，看到了這些靈長類動物以及它們表現好奇心的管道。然後他走近一點，停了一會兒，以一種輕微的溫和狀態仔細觀察他們。一開始，我不明白為什麼這些圖片會出現在我面前，所以我在腦海中提出了這個問題。

那一刻，我開始感受到那個外星人的同情心，因為他仔細地觀察著眼前的原始生物，這些生物仍然保留著偉大靈長類動物的某些特徵。當他評估與靈長類動物有關的某些可能性時，我感到一個想法的萌芽在他的腦海中越來越清晰。同時，我了解到，由於地球大氣層的某些物理特性與它們的構成不相容，作為船員生活的外來生物無法長時間停留在地球表面的大氣層中。

我一明白這一點，螢幕上的畫面就發生了變化，我看到船的內部在地面上，這是一個很大的圓形房間，裡面有五個男性，包括船的指揮官，他實際上就是在談這一件事。

通過擴大心靈感應傳輸，我了解到船員們已經決定開始使用一些好奇心更強、更進化的靈長類動物來進行採礦工作。他們想通過對靈長類動物使用一種精神傳遞科技，然後利用它們的身體來處理地球表面的事務。

DNA轉化的第一步

我的理解很快就形成了新的價值觀。例如，我很清楚，船員對那艘運輸船的決定有雙重含義：一方面，由於外來生物及其技術的精神影響，靈長類動物得到了迅速發展；另一方面，由於這些外星人的身體不能很好地適應環境，船員們也從那些靈長類動物的體力勞動中受益。

然後我問這些生物屬於哪些外星文明，我立刻在大腦皮質得到了回應，那是來自天狼星的文明之一，起源於獵戶座腰帶的一個系統。影像隨後突然改變，我看到一個多行星系統圍繞著一顆相對較小的恆星，位於主恆星帶附近。

修改靈長類DNA的過程非常複雜，這將觸發整個轉化鏈到達進化的人類，對今天的科學概念來說幾乎是無法想像的。我

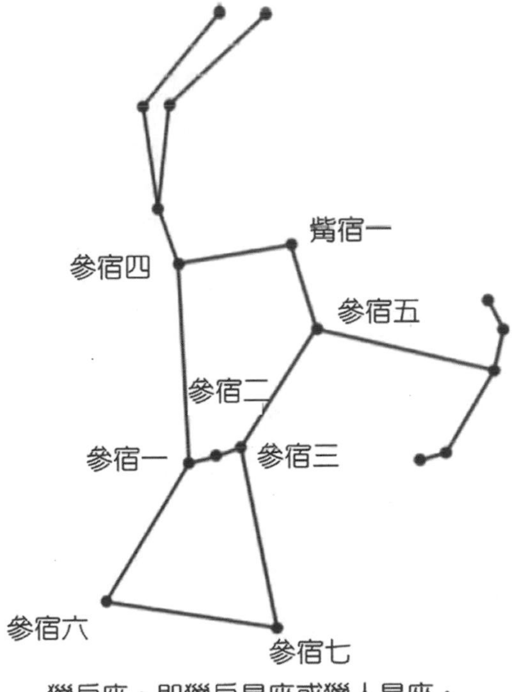

獵戶座，即獵戶星座或獵人星座，三顆主星組成「腰帶」

們已經看到，從量子層面到銀河系，這一宏偉計劃所涉及的行動和力量已經達到了極致。

首先，地球上第一批靈長類動物的ＤＮＡ需要發生結構上的變化，以便為進化過程打下基礎。當我想了解從靈長類動物到更進化的意識形式和水準的非凡飛躍發生的更細微的方式時，一連串的文件檔立即出現在螢幕上，就像我之前描述的文件那樣，伴隨著各種符號。這些檔案有一定的規則。我當時明白，它們與「資料夾」相關，事實上代表了一個「資料夾」，或者，與現代人的理解建立連繫，這是一個目錄。

我在前面的圖片中已經看到了E－I和E－U符號，它們都是恆星或以特定頻率相互連接的一些恆星。正如我所說，它們表示「改變」了靈長類動物ＤＮＡ中一個碳原子的連繫，從而創造出多種可能性，在該

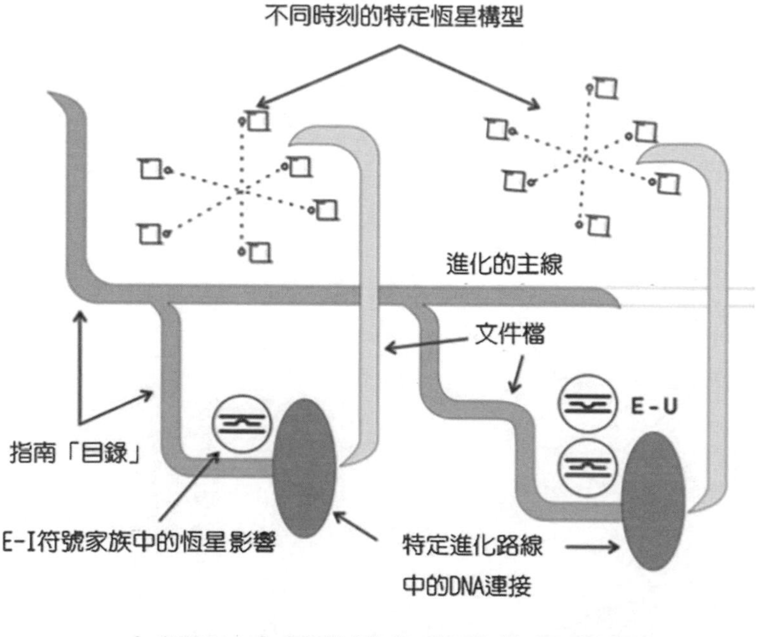

人類DNA中某些進化階段的示意圖

ＤＮＡ內形成新的結構。

我們還看到了巨大的外星飛船，既有星形排列的構造，也有靠近地球的構造。但是，我們注意到，當我們回到某個部分或現象，要求再次查看報告時，到目前為止，還沒有包含這一點的其他細節或相關訊息揭示給我。這很重要，因為它允許我在新的細節基礎上對主題進行細分，並通過提出更多的問題來深入了解這些知識。

兩個重要的符號

其實，我追求的主要目標有兩個：一方面，澄清一些我不太了解的細節；另一方面，試圖獲得更多關於所研究課題的資訊。我只能通過重複一些影像來做到這一點，有時甚至重複兩三次，以便更好地理解該摘要或盡可能地解碼影像的含義。阿佩洛斯人是一個謹慎而和藹可親的人，我覺得他絲毫沒有被我所從事的「花招」所干擾。此外，我和我所使用的設備之間進行愈來愈安全和快速的通信，這是一種樂趣，我開始更好地理解與全息螢幕和立體頭盔結構中集成的高度先進科技進行「對話」的方式。

作為我之前所學知識的一種新奇，我注意到其中的兩個符號無處不在：恆星符號E—I，它總是在銀河系的星形配置中出現；從圖形上講，這個符號類似於數字11，它代表了構成DNA大分子的原子在量子水平上的某種作用。當我想到這一點時，我明白那個符號代表

符號E-I

符號E-N

奈伯勞太空船

了團結的能力。換言之，當兩部分不同時，它們結合在一起成為一個整體，這個過程由該符號來表示。

螢幕上的檔案複合體被靈長類動物在不同發展階段的形象和一些符號所突顯出來。在紙的頂端，我再次看到了銀河系中恆星群的代表，它們通過特定的線和符號以特定的管道結合在一起，但這次我注意到在這樣一條線的末端有一個較小的圓，一個比象徵其他恆星的圓更小的圓。

我還看到了固定符號旁邊的第二個符號，我感到一種強烈的情感。緊接著，這個符號在螢幕上增長，變成了一個清晰而巨大的影像，代表了我前面提到的巨大的球型太空飛船。很快，通過我腦海中頻率和狀態的組合，我明白了這艘船的名字是奈伯勞。然而，其中有

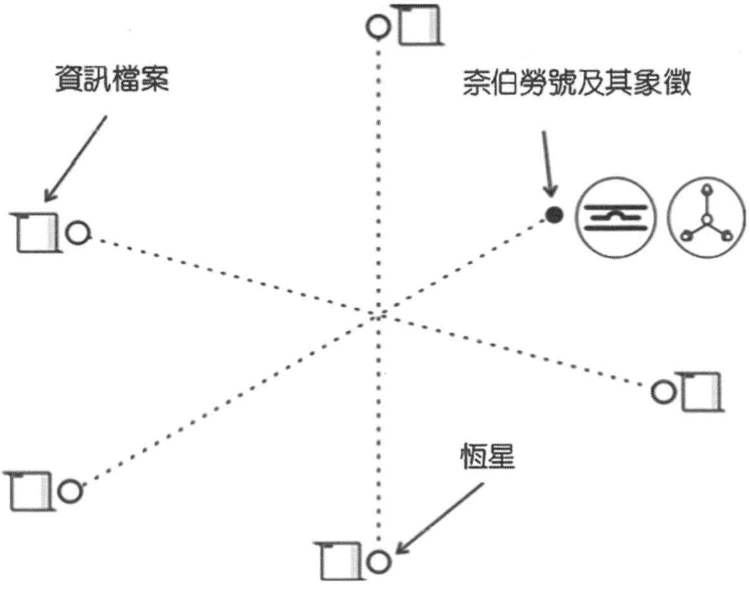

敘利亞的奈伯勞號飛船所屬的恆星排列

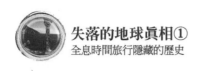

一個小的變化，因為我也知道有一個類似的名字，稱為奈伯雷亞。

我立即意識到，可以輕鬆地將與現在已廣為宣傳但被誤解的主題進行關聯。名字中的子音比較強；因此，作為一種必要的連繫，我感覺名字「滑入」了「NIBIRU」，作為當前使用的更新版本。[30]

此外，當我想到這部份時，全息螢幕上的影像並沒有模糊或消失，這一事實進一步證明了這種關聯是正確的，並且與巨大的外星飛船直接相關。

令我驚訝的是，這艘飛船佔據了銀河系中不同的位置，在我看到的基本構型中，填補了另一顆恆星相應的「空位」。我當時明白，它被放置在銀河系的某個區域，以便創造必要的結構，在連續的階段中實現適當的頻率，從而引起地球上靈長類DNA的一些變化。

我想知道為什麼需要如此複雜的參與，以及這些影響如何能夠從一個巨大的層面到一個微小的層面如此精確地傳播。此外，為什麼這個特定的恆星排列產生的宇宙能量沒有影響到所有靈長類動物或其他存在於地球上的生物，而不僅僅是那個時代的某個靈長類動物？

30 這很可能解釋了一個長期以來在網路上或者在其他有關「尼比魯星球」著作中流傳的巨大混亂，根據3600年前蘇美爾人的碑文，尼比魯星球對地球造成了不同尋常的破壞性影響。如果我們思考作者的話，那麼尼比魯確實是偉大的天狼星飛船奈伯勞。【羅馬尼亞編者註】

螢幕立即「反應」了，指出這些是唯一進行了特殊更改的靈長類動物，而其他靈長類動物仍然對相同的微妙影響保持「惰性」。我立刻明白了這個想法，我甚至認為這句老話在這裡非常適用：「它不是針對誰，而是適合誰。」

這種選擇性似乎是必不可少的，從外星生物非凡的科技和精神進步的高度發展來看，這種選擇性似乎是至關重要的，從啟動靈長類動物 DNA 修飾的過程，它決定了其他靈長類動物 DNA 水準上的一連串漸進但實際非常快速的轉變。後者還充當一些微妙資訊的容器，這些資訊導致了人類的出現。當時我意識到，一切都是由非凡的程式設計和基因工程在最高層次上所起的作用，在今日甚至不能用類似的術語來理解，這既是因為現代科學的概念局限性，也缺乏必要的科技。在參與這個龐大計劃的恆星宇宙計劃中，形成一個將成為人類的高級存在，總是有一個清晰的印象，那就是高級外星人的干預。

在螢幕上，我看到在每顆恆星旁邊都有一個符號，阿佩洛斯人告訴我，這個符號表明了時間和影響的整體方案，這些時間和影響是由非常進化的實體從微妙的層面產生的，這將使恆星能夠在某個特定的時間點以某種方式與另一顆恆星相互作用，這條線把它們連在一起。

當我明白了這一點，螢幕上的影像發生了變化，我可以從上面看到一切。這似乎表示我已經達到了一個理解的高級階段，更加了解了這一現實。我再也看不見星星了，但它們佔據的位置之間有某種連繫或「一縷」。在這些焦點區域之間，即在相關恆星之間，這是一個非常複雜的微妙網絡。當我第一次看到兩個電子之間微妙的鍵合時，我也注意到了恆星層面微妙的乙太連繫。直到那時，我才明白了向我揭示的關於電子間量子鍵的深刻真理。

我已經注意到，我注意到對糾纏現象的理解只是為了能夠理解宇宙中恆星之間存在連繫的複雜性而邁出的一小步，這些遠比引力產生的連繫更為壯觀。

在螢幕上，我仍然可以看到靈長類動物進化的兩個不同階段，它們在我們銀河系中的位置有兩個不同的恆星構型。在奈伯勞飛船與恆星形成的「網絡」中，天體始終處於中間位置，受到微妙能量的影響。在第一階段，我看到我們的位置被我們自己的星球佔據，在

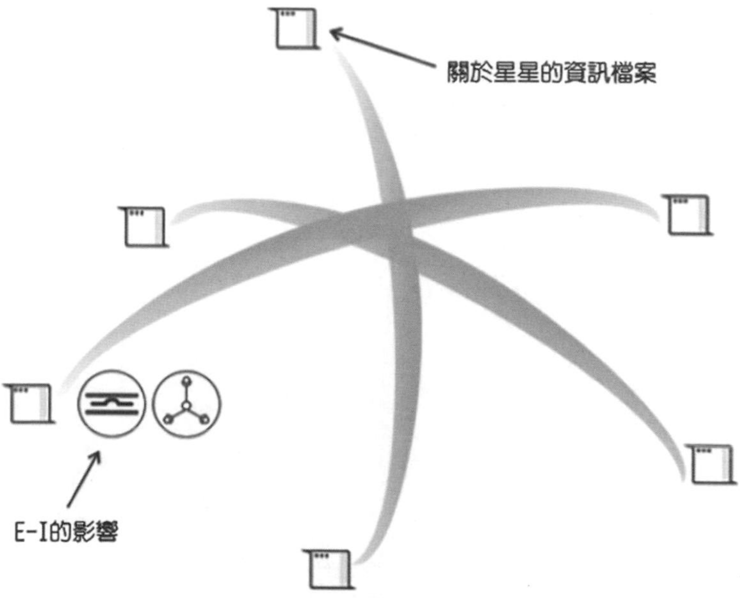

星辰間微妙的「糾纏」網絡

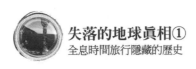

後來的階段，我看到太陽系的中心點被太陽佔據。

奈伯勞號在月球的另一端，非常圓，且略小，在天空中閃耀著明亮的光芒，但從地球上看，它與月球的區別在於它是淡藍色的。我看到了來自奈伯勞不同角度的不同影像，我欣賞著地球上顯然有兩顆非常「明亮」的衛星這特殊的天象。

這個關鍵時刻的開始是按順序呈現給我的。首先，我看到了巨大的奈伯勞飛船內的主指揮室，其指揮官正在計算可能影響地球上某些靈長類動物DNA的最佳星體結構或星體網絡。我意識到，他特別感興趣的是確定何時才能以最大的效率發揮這種影響。我笑了，因為我看到的與實際的占星術非常相似。但這是在一個更先進的水平上，對我來說，這意味著令人震

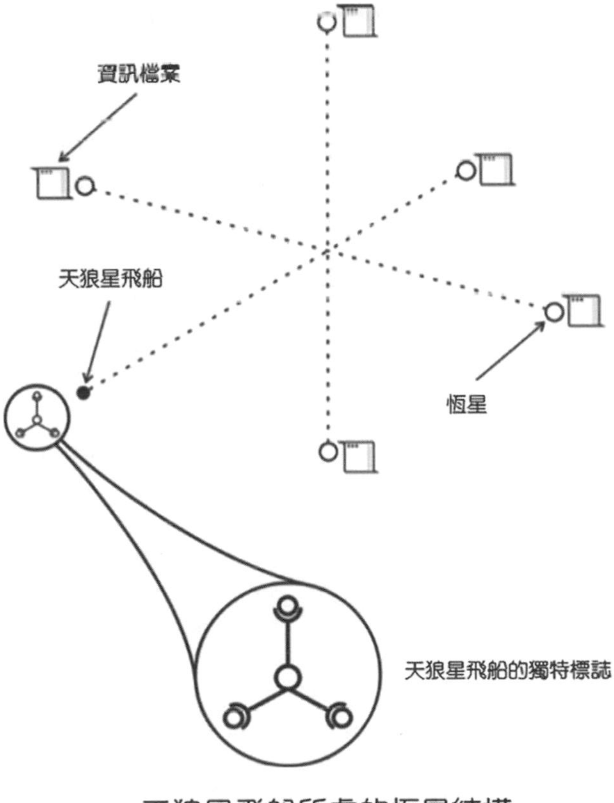

天狼星飛船所處的恆星結構

驚的知識。

這艘船的控制板很複雜，而且延伸到一個大圓弧上。在它的背面有好幾個人，但我以心靈感應的方式理解到，在艦船的不同層面上還有其他指揮中心，每個指揮中心專門負責一個特定的行動方向：軍事、太空穿越宇宙裂縫等等。然而，我看到的控制室是做出最重要決定的主要控制室。

我看到了船上的主要設備，它可以被比作一台現代電腦，可以快速顯示無數的恆星排列。事實上，這是一個非常大的「晶體顯示器」，上面投射了全息資訊。

接下來，飛船的指揮官選擇了一個特定的配置，並決定將其移動到宇宙空間中靠近地球的某個位置，並像月球一樣在地球周圍保持某個固定的軌道。

後來，我看到並直觀地理解了主指揮室中的人們是如何將飛船的電磁輻射傳播給它想與之建立連繫的恆星，從而產生了所謂的「銀河系糾纏」現象。

接著我看到了我在開始時所看到的宇宙結構中，恆星之間微妙能量的整個網絡的觸發；然後，巨大的作用影響了地球所在的銀河系區域。之後，來自地球的靈長類動物DNA的簡單結構出現在螢幕上。最後，我看到了碳原子及其產生的量子修飾，這是重新引導了一大群靈長類動物，讓地球向更高的存在狀態重新定向的一個關鍵因素。

DNA的轉化，第一階段年表

正如我所說的，觸發創造人類計畫的宇宙影響的第一個時刻是在西元前432,000年左右。更具體地說，我能夠理解是西元前432,7（＿）年。但是我無法理解最後兩位數字的頻率和周期的精細度。這種影響持續了大約1萬年，對應於該恆星配置的時間段。靈長類DNA的轉化已經開始變得愈來愈明顯，其影響在接下來的5萬年中也不斷增強。

後來，那場可怕的戰爭從太空接踵而至，天狼星號航天飛機開始降落在地球上，以提取各種材料，特別是黃金，用於修復奈伯勞母船受損的部分。根據音訊頻率轉換，大約是西元前372,5（＿）年或372,6（＿）年。

由於它們需要量身定制的適合特定星球的力量，船上的外星生物決定支持靈長類動物的發展，並與它們「合作」以提取所需的金屬。這一事件被渲染為「恩基降臨地球」，因為與該決定相關的符號累積的合成頻率與符號E－N產生了共振。[31]

於是，我不知道是什麼內在的衝動驅使著我，我想更多地理解外星生物的資訊，它是

31 作者提到了蘇美爾石碑文的內容，描述了來到地球的阿努納奇（Anunnaki）「神」（恩基和恩利），以及人類的起源和出現的方式。有關這方面的更多資訊，請參閱撒迦利亞・西琴（Zecharia Sitchin，一九二〇—二〇一〇）的《地球編年史》系列作品。【羅馬尼亞編者註】

第一個觸發人類誕生的根本性轉變。然而，很快地我即將發現，在外星思維中萌生的想法——利用靈長類幫助地球表面的工作，同時幫助它們更快地進化——其實早在很久以前就計畫好了，突出了更高、更廣泛的顯化維度。

我看到了人類的開始，這一事實使我完全著迷。實事求是地說，由於天狼星人利用當時地球上存在的靈長類動物的尖端科技來完成某些工作的想法，為我們星球上創造一個優越人類的基礎已經奠定。我詳細地了解了此過程，也看到了整個過程中出現的主要錯誤。我也看到了創造第一個人類的動機及其創造的本性。我稍後再談這些問題。

特內考：地球上一個新的人型生物通過恆星排列開始了

當我表示想更多地了解那個天狼星人時，螢幕上出現了他的影像。他穿著一件藍色外套，邊緣上有兩條淺色條紋。同時，不幸的是，我無法理解的資訊是以一種不屬於我們星球的「文字」出現的，主要基於標誌和符號。那個耐心地聽我調查的阿佩洛斯人說。

他叫特內考。事實上，從某種角度來說他是「人類之父」，儘管這句話並不十分準確。地球的計畫是在這個銀河系和我們所居住宇宙的管理實體的因果層面上，經過數個世紀的構思而成的。

人們希望在未來的某個時刻，這一地區會有某種生命的體現，但其精確度是由某些銀河系連結點設定的。特內考很早以前就被選為這一基本角色，因為他的ＤＮＡ結構與他想從靈長類動物ＤＮＡ中得到的東西產生共鳴。他出生在奈伯勞號上，正是在人類歷史上那個獨特的時刻，也就是他觀察靈長類動物的時刻，他有了改造靈長類動物並與它們合作以減輕地面工作的想法。他在非常微妙的因果維度上不斷受到鼓勵，制定了靈長類動物ＤＮＡ改造的計畫。

那一刻恰好與我們所說的「特內考時期」吻合，也就是那個了不起的外星生物從太空中衝突的艦船上降落到地面，那一瞬間，大批靈長類動物恐懼地躲在灌木叢中。全息影像詳細地向我展示了那個如畫的時刻。接著，我看到這群人中有個人出於好奇，竟然有勇氣走出灌木叢，甚至走到離飛船很近的地方。特內考突然停了下來，仔細地看著他。我認為這是他的「天才之光」，因為他當時有一個特殊的思維，促成了大型靈長類動物的轉變和進化為高級人型生物。然而，由於一個更廣泛的計畫，大約六萬年前，在宇宙層面，在地球上形成一個新的人型生物的過程通過我之前提到的恆星排列開始了。

當我看著那些對我產生巨大情感影響的非凡影像時，我明白那個祖先的時刻可以被認為是人類形成之路的開端，是對原始人的基因轉化為高級人形生物此一想法的第一次審視。我也能感受到特內考的第一種情感，他的第一個想法和第一個意圖，所有這些都導致隨後令人印象深刻的基因改造工作。新人形的嬗變是驚人的，這最終會導致我們今天的樣子：優越，聰明和具有自我意識的人類。

我也感受到了一種生動的情感，因為我是一個虛擬的見證人，甚至見證了即將到來的巨大基因轉化鏈的「第一步」，這就是為什麼我要堅持觀看這些影像，因為它們給我呈現了一個非常特殊和重要的時刻。

由於全息螢幕有一種「生物回饋迴路」，它「跟隨」了我的意念，特內考的形象脫穎而出。我看見他停下來，看著幾碼外那位好奇的人。他以一種相對沉思的態度向左微微低下頭，在腦海中閃現出的第一個念頭，是他與那些原始生物進行心靈接觸的初衷。這個想法隨後引發了一系列複雜的事件，導致了原始生命向更高生命的轉變。

與此同時，其他船員已經開始下船，將一些設備帶到地面。指揮官得到靈感後，用手向靈長類動物做了個手勢，然後加入了其他人的工作。但全息螢幕上的影像展示了他的想法是如何安排的，這是觸發在這個星系區域形成新人形生物的龐大計畫所需的最後一個環節。

起初，特內考只是在精神層面協調整個計畫。只選擇好奇心強、精神更大膽的靈長類動物。一段時間後，我看到特內考在船內，坐在一種椅子上，向後傾斜，周圍被某些精密的設備包圍著，並在精神上協調了船外的兩個物品，移動物體並完成了其他各種任務。其中一種較輕，甚至顯示出某種智力的

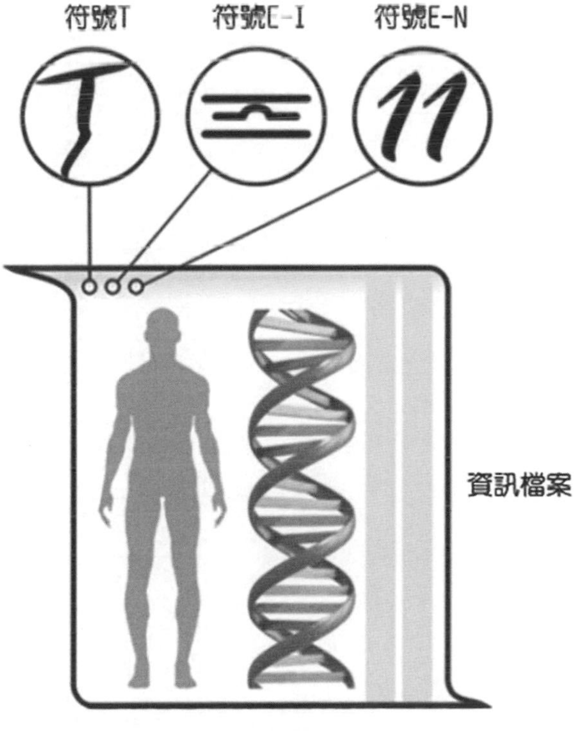

定義特內考的三個符號：T，E-I，E-N

跡象；另一種靈長類則較慢、較糊塗。

在我所看到的影像中，特內考是一個散發出許多智慧和對宇宙法則深深尊重的存在。我可以從他的遭遇和臉部特徵看出，他豐富的經歷揭示了許多精神奧秘，並「雕刻」了他與人類未來息息相關的艱鉅命運。在另一個目錄中，他的名字在三個不同的標誌旁被標誌著。

符號T，E，N和DNA的變化

在我要求理解更多關於引發人類「火花」的第一個精神生命，阿佩洛斯人繼續解釋。

「請觀察左邊第一個符號與字母T以及獵戶座腰帶形狀的相似性。」

的確。我以前見過這個。換句話說，螢幕上某些區域的顯示愈來愈亮，而另一些區域的顯示愈來愈暗，這表明了特定細節的重要性。在特內考的例子中，獵戶座腰帶的T形符號就是通過這種方式被強調的。

中間部分看起來更亮，這表明特內考來自獵戶座中心中間區域的一個行星系統。

當我的腦海中浮現出迄今為止收到的關於靈長類動物DNA在地球那個區域形成的驚人方式的訊息時；事實上，我在背景中看到了天狼星生物與這些靈長類動物相互作用的技術元素，我想以一種幾乎是反射性的方式，看看它們的DNA是如何從第一顆恆星對碳原子的影響演變而來的。幾乎在瞬間，影像發

獵戶座腰帶上的T符號
與恆星的對應關係

獵戶座腰帶的符號
它定義了特內考

生了變化，聚焦在地球表面的一種靈長類動物身上，之後它的DNA結構被揭示出來。

我注意到，在DNA的分子結構中，有幾個區域的符號E—I和E—N是獨立關聯的，但也有兩個符號同時出現的連結。T符號似乎與前兩個符號E—I和E—N的關聯位置重疊。

我已經看到，T表示在進化的靈長類DNA中存在的組合中有著重要的影響。這些影像與我在投影室的T形桌子上看到的有些相似。DNA分子內部非常強大的放大：一個原子被分離出來，原子核在中間，之後我注意到T符號與原子重疊。這種影響產生了原子核的激發，通過各種核心電子，產生了一個特殊的雜化電子軌道。[32]

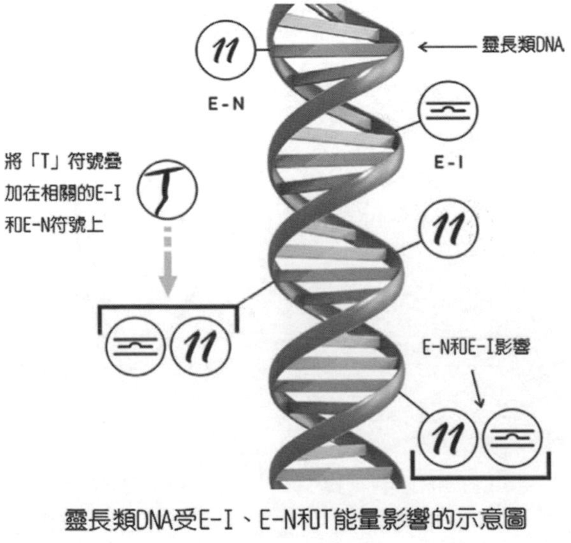

靈長類DNA受E-I、E-N和T能量影響的示意圖

32 根據維基百科：在量子物理學中，雜化過程是一個概念，涉及到把原子軌道合併成所謂的「雜化軌道」（雜化軌道的能量、形式等與原子軌道的能量、形式等不同），使電子的配對適合形成化學鍵。化學鍵是在原子、原子群或離子之間建立的相互作用。它們吸收了原子間的吸引力，將它們結合成分子、離子或自由基【羅馬尼亞編者註】

混種之後，電子軌道忠實地複製了T符號的幾何結構。隨著時間的推移，我意識到雜化軌道的幾何方向和全息圖中出現的符號形狀之間存在著連繫。由於這些符號代表著微妙的宇宙現實，因此我們看到的「文字」是銀河系的。然而，這不僅僅是傳統的文字或符號。它既不像拉丁字母表，也不像其他任何現代字母表，後者是由某些人發明和使用的。這種外星「文字」包含了代表宇宙、原子和分子結構的符號，這種文字將創造的各個層面連繫起來，表達了深刻而複雜的行為。

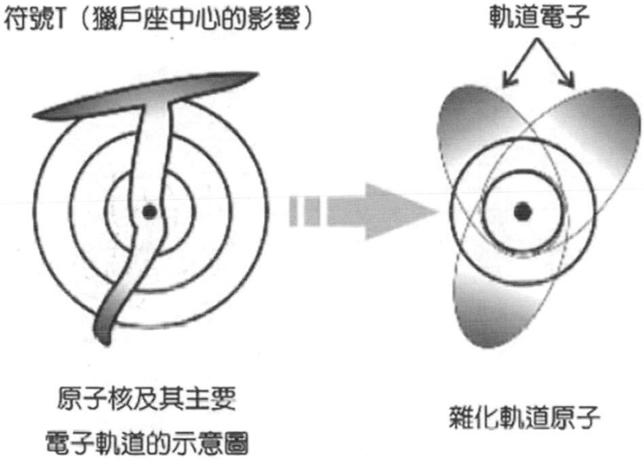

T符號影響下碳原子主電子軌道的雜化

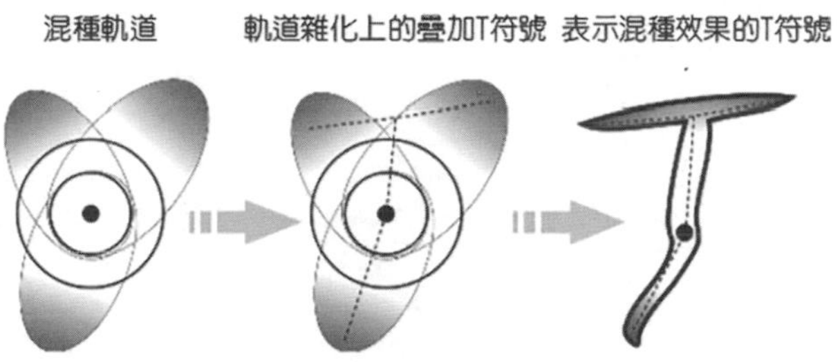

根據T符號影響的軌道排列

從這裡開始，我注意到原子核以符號E—I，E—N和T指定的頻率共振。最後，我看到了DNA中的氧原子和雜化軌道。它的混種與在水分子（H，O）中的雜交關係非常相似，但不是兩個氫原子，而是一個碳原子。在水分子中，氫原子是共價鍵合的；在第二個半共價態，它幾乎是電離的。我在靈長類DNA中看到了類似的碳原子。由於各種影響，氧原子和碳原子都更傾向於形成共價鍵，而不是與其他原子結合。例如，在DNA大分子中腺嘌呤和胸腺嘧啶之間的氫鍵或鳥嘌呤和胞嘧啶之間的氫鍵可以看到這種現象。

在「平移」中，氧原子和氫原子之間的鍵以符號T指定的頻率發生共振，兩個碳原子及其鍵以符號E—I指定的頻率共振。在碳原子之外還有另一個原子，我們後來在研究腺嘌呤氮原子的結構時發現了這個原子。它與碳原子或氫原子相連，我們注意到它以

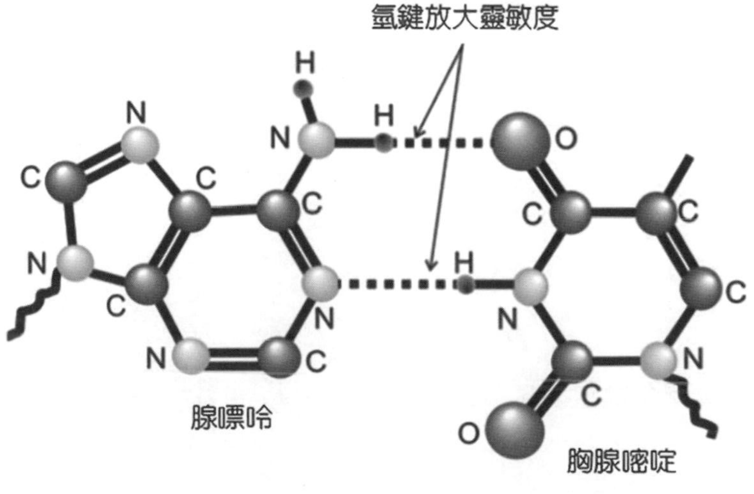

對碳和氧的影響產生了各種因素的積累
這些因素新增了DNA大分子中氫鍵的傾向性

組織符號E—N指定的頻率起作用。

總的來說，我看到了來自地球上那個地區的靈長類動物，隨著時間的推移，在它們的DNA中受到了來自特內考的影響。隨著時間的推移，這種行為的影響甚至可以在他們的行為中被注意到。當特內考把他的影響範圍和精神支持從科技裝置中撤出後，一些靈長類動物不再感到驚訝或害怕，相反，它們甚至表現出某種自我支配和成熟的地位，這是引導進化的明顯標誌。

實事求是地說，我看到了一個完全先進的基因工程項目，它是高度和徹底的工程，這是由非常特殊的天狼星技術支援的。在我看到的影像中，背景中有一些裝置，有些甚至很大，是天狼星人用太空船帶到地球的。後來，他們被儲存在地面，並由天狼星船員組裝。

這種類型的最大物體是一個直徑約10米的球體，有兩個巨大的分支，頂部有兩個天線。在球體的中間，我看到了一個指揮室，裡面有一張「人體工程學」的椅子，特內考坐在椅子上，把自己和球體中非常複雜的裝置連在一起。憑直覺，我知道他是在用那個裝置發射一個與影響靈長類DNA所需頻率完全匹配的場，以幫助它們以加速的管道前進。球體周圍還有其他一些小裝置，看起來像圓柱形的容器。他們在離地面一定高度的支架上。

在下半部分，出現了白黃色的光線，像雷射一樣射向地面，形成了渦輪機，便於開採資料。當我看到這些圖片時，外星人的後勤作業擴展到一個可能覆蓋數平方公里的大表面。在這一切的中間是「精神指揮的領域」，特內考從中協調靈長類動物的活動，以便他們知道該做什麼。

特內考的精神影響既涉及靈長類動物對這些容器的工作，也涉及它們通過外星科技在DNA水平上的逐漸轉化。

漸漸地，靈長類動物開始停留在選取容器和精神控制球體的區域內。起初有些人很害怕，離開了那些區域，但我看到，隨著他們的DNA在建模場的作用下改變了結構，他們沒有逃跑，也不再害怕了。

特內考用來影響靈長類DNA的場發射體

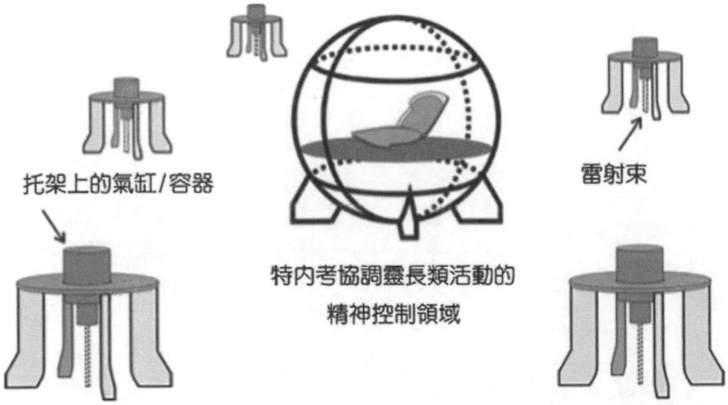

雷射圓柱形容器包圍的球形金屬控制裝置

六角形符號，情感的提煉

在我們今天所知的波斯灣地區，已經實施了E—I和E—N符號指定的頻率。由符號E—I指定的頻率在南方使用，由符號E—N指定的頻率發生在稍北的右側區域。正如我所看到的，已經轉化的靈長類動物實際提取金屬的影像發生在北部更大的地區，也發生在波斯灣地區。

在南部，與靈長類動物DNA的第一次轉化相對應，那裡有茂盛的植被，但再往北一點，在進行礦物選取的寬闊的原野上，我看到了許多懸崖，那裡的景觀相當乾旱。我一直想著從一開始就縈繞在我心頭的想法：地球上人類的起源和進化；我在螢幕上看到的是這個想法的展開，我並不總是能夠

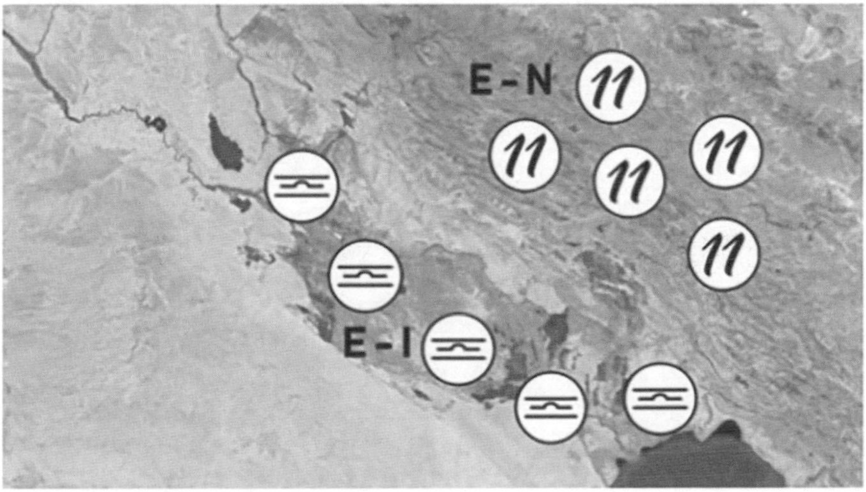

在波斯灣地區實施的頻率指定為符號E-I和E-N地區

理解或跟上步伐。有時全息螢幕上的呈現是如此複雜，以至於本書中包含的元素的描述和圖形渲染非常困難，會使閱讀變得非常複雜。這就是為什麼我更喜歡盡可能簡潔地介紹主要內容，而不涉及太多細節。

例如，奈伯勞號外星飛船的行動的定位，在某個恆星網絡中的如何影響當時靈長類 DNA 在精神和情感層面的轉化，這是相當顯著但也非常複雜的。當這個相位呈現在我面前時，我看到了一系列的目錄，它們有著特定的起伏形式。當其中一個文件比較亮，我刪除了其他目錄，選擇了一個打開的目錄，其中有恆星網絡和天狼星飛船靠近地球的影像。這個宇宙網絡的主要行動就是「瞄準」我們的太陽。

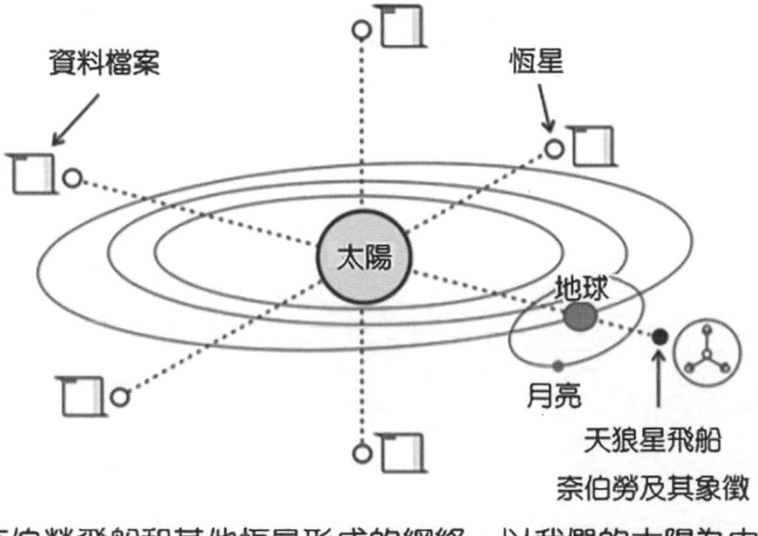

奈伯勞飛船和其他恆星形成的網絡，以我們的太陽為中心

沒有顯示當時在這顆恆星周圍發生了什麼現象，可能是因為我沒有要求，但可以肯定

的是，隨後有一段時間，太陽變得更加明亮，從根本上影響了地球上生命的轉變。與E—I和E—N相對應的波斯灣地區已經乾涸，生活在該地區的靈長類部落開始向北遷移到一個植被茂盛的地區，就在進行金屬開採地區的正上方。這片鬱鬱蔥蔥的區域，並不十分廣闊，位於兩條大河之間[33]，當影像到達這一點時，熟悉的符號T、E—I和E—N出現在地理細節上。

然而，除了這三個符號外，我注意到還有第四個符號的存在。

它不是一個字母，而是一個更為複雜的圖形表示，類似於帶有對角線的六邊形。因此，表示該區域特定影響的通用符號由T、E—I和E—N組成，其中E—I和E—N是明亮的，T是

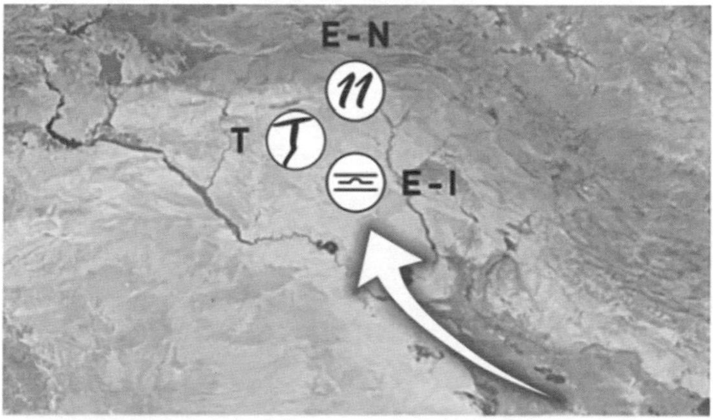

靈長類從波斯灣遷徙到茂盛植被區的表現

33 作者很可能是指底格裡斯河和幼發拉底河，這兩條河在撒迦利亞·西琴的書中都有提到。拉杜·錫納馬爾所談到的地區可能就是後來被稱為「伊甸園」的地區，也就是第一批進化的人類出現的搖籃。【羅馬尼亞編者註】

較弱的。

三個字母的符號出現之後，停頓了一下，然後出現了第四個符號，六邊形的符號，我覺得這是一種幸福和喜悅的狀態，其來源是奈伯勞飛船。

我心靈感應地明白，這種愉悅的狀態只與一個特定的地方有關，即與兩條大河之間植被茂盛的那個區域相對應的某個區域。那些撤退到該地區的靈長類動物，像磁鐵般被吸引，享受著一種非同尋常的快樂，這種快樂直接影響他們的情緒，使他們的情感得到完善。我看到了快樂和幸福的狀態是如何在靈長類動物群體中創造出某種凝聚力，這些群體在不受飛船影響的時期繼續尋找創造性的表達方式。這使得他們比其他靈長類動物感受到更精細的情感狀態。

那一刻，我問自己，除了賦予人們一種崇高的意識狀態之外，情緒是如何幫助人們進化的，這種意識狀態顯然不可能是永久的。幾乎就在同時，一部分靈長類 DNA 的影像出現在全息螢幕上，像幾個跳動的發光點，代表他們生活在幸福中。我心靈感應地明白那

複雜符號的表現形式：

「TEN－六角形」涉及情感的提煉

些亮點是DNA的一部分，它們以複雜符號TE—IE—N（TEN）指定的累積頻率產生共振。

這種頻率的「遊戲」開始在靈長類DNA分子中形成一些新的複雜修飾，在某個時候，他們在情感上發展了自己。這一事實是顯著的，因為這些心理——精神方面的精煉，意味著通向宏觀宇宙中更高頻率存在的進化規模，這是一個重要的飛躍。

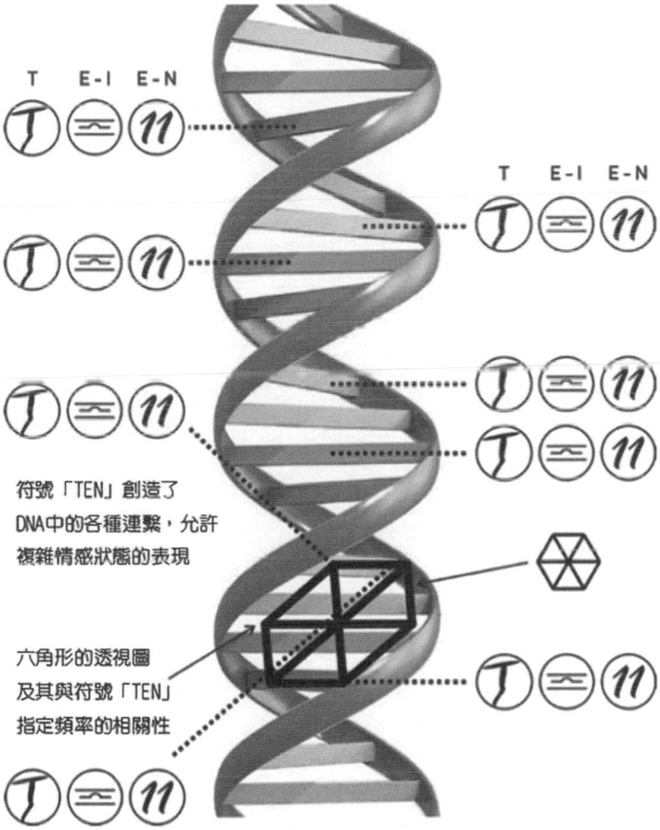
T E-I E-N
T E-I E-N
符號「TEN」創造了
DNA中的各種連繫，允許
複雜情感狀態的表現
六角形的透視圖
及其與符號「TEN」
指定頻率的相關性

受「Ten-六角形」影響的靈長類動物
DNA的一部分表現，這意味著提煉情感

第6章 我看到第一個人類出生，以及DNA的分裂演化：E-N-L和E-N-K兩種分支的發展

我在全息螢幕上看到了第一個人出生的那一刻，這是在向一個新智慧人種連續轉變的框架中之第一個高級意識存在，所有這些人都出生在地球上與人類的創造該項目的發展有關。這個名字幾乎沒有隨著時間的推移而改變：亞當。我可以坦率地承認，我從來沒有見過像螢幕上的亞當這樣一個完美的存在。因爲我和全息螢幕之間的特殊互動——通過跨維度頭盔反映阿佩洛斯先進科技——我能夠非常清晰地感受到第一個人類的非凡特徵，他的遺產在此後很長一段時間裡一直保留著，成爲所謂「現代」人的基礎。

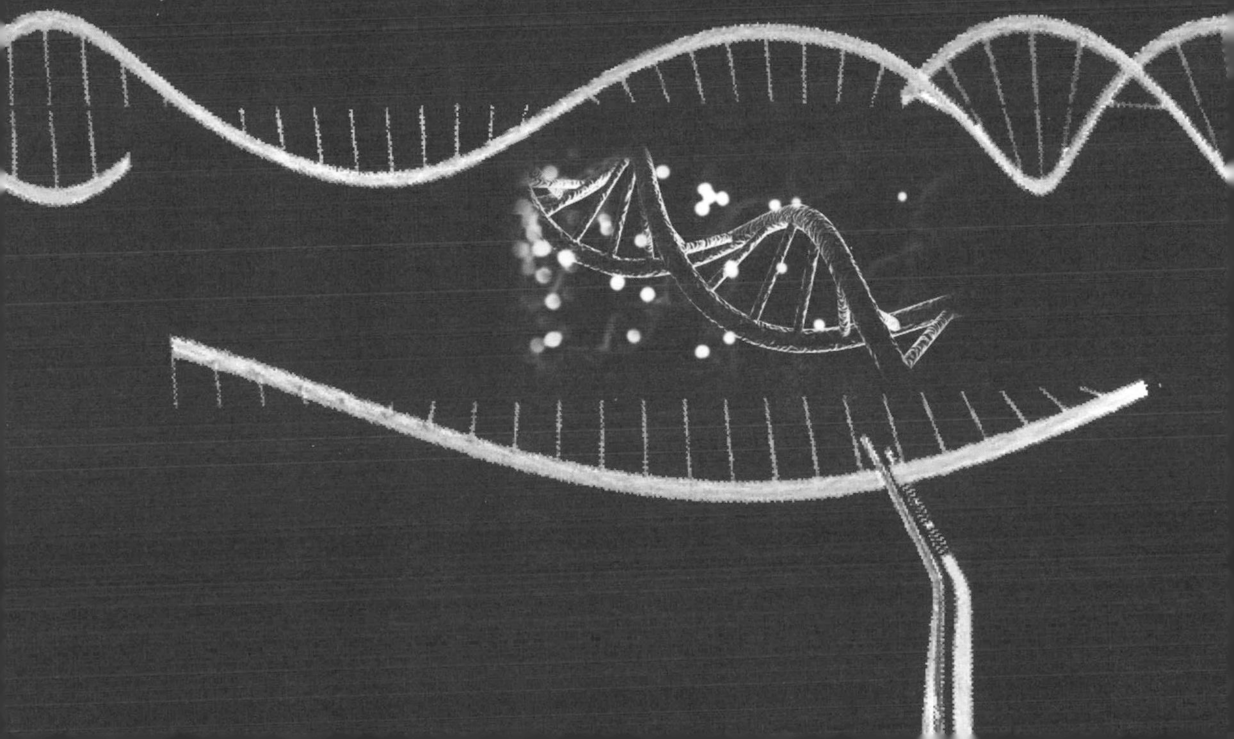

我使用耳機，繼續饒有興趣地觀看，目的是盡可能集中注意力。由於我的意圖非常明確，螢幕上出現了複雜的影像，代表了這些「新」靈長類動物的環境。與T、E和N符號直接相關的DNA變化創造了活力新增的可能性。另一方面，這些靈長類動物的感覺、情緒和思想受到了它們DNA中新結構的影響，這些新結構與六邊形符號直接相關。正如我所說，六邊形符號是奈伯勞對靈長類DNA的複雜影響。

然而，在這個星球上持續的工作需要船員和靈長類動物之間更好的協調，即使是與進化的靈長類動物的協調。這艘巨型飛船所遭受的破壞是巨大的，為了修復它，他們需要一些已經開始從地球上選取的金屬。困難在於外星生物不能在地球表面長時間工作，因為他們的飛船和我們的星球的環境不同。

總結一下這次演講，我理解到特內考接受了內伯杜島醫生小組的一項建議，即創建一個混種複製人，該複製人將富含來自進化程度更高的靈長類動物的基因，這些靈長類動物由於T－E－N六邊形所代表的能量的微妙影響，已經實現了進化上的飛躍。奈伯勞同意了這一點，於是開始了一個複雜的DNA大分子「建模」過程，所有這些都將導致在未來克隆生物時具有非凡潛力的結構。

從那一刻起，我只看到了那個人的形象和身體，而特內考的意識已經轉移到了那裡。我能夠通過我所學到的頻率和共振的「遊戲」來識別，特內考的意識轉移到那裡，大約發生在西元前371年。

這些元素可能出現在科幻小說領域，但我可以向善意的讀者保證，這種轉移背後的科技在本質上既是物理的，又是跨維度的，目前已經開始在地球上被「破譯」。的確，獵戶座的天狼星已經掌握這項科技50萬年甚至更長時間了，但這表明進化是沒有邊界的；當代科學家不知道的東西並不意味著它不存在或迄今為止尚未被使用過。

特內考設計用來投射他的意識的生命體看起來並不完美，但它顯然已經在DNA水平上有了所有的「改進」，因為它總是以完整的符號出現在螢幕上：T—E—N——六邊形。我明白，那個複製人實際上是靈長類DNA所有部分的組合，這些部分最初受T—E—N——六邊形的影響。這是一個非常特殊的生命，是與特內考相容。

T—E—N——六邊形符號不斷地與該生命連繫在一起，它和特內考一樣高，大約兩公尺半。然而，與特內考不同的是，特內考一點頭髮都沒有，他的頭在背部略微拉長，這種生物的頭部與現代長髮人類的頭部相似。頭髮的顏色太棒了。它是白金色的，在燈光下閃閃發光。直覺上，我知道這個生物基本上是靈長類DNA和外星DNA的混種，但它是基因工程產品，不是物理身體的基因混種的結果。這很明顯，因為沒有性器官。後來，我看到他離開了實驗室，帶著一種溫和的沉思氣息，走到其他靈長類動物中間。

然而，我不明白為什麼實驗室裡的其他圓筒裡有更多這樣的身體。最合理的假設似乎表明，原始原型的「變體」更多，也有待檢驗。雖然我沒有堅持這一點，但我很好奇，想找到更多關於這個混合生物的創造和演變的資訊。

決定性時刻

我被眼前的景象驚呆了，失去了注意力。螢幕上的影像隨後變得模糊。興奮之餘，我意識到我正在觀看發生在數十萬年前的「真人秀」，我真的很榮幸得到這些資訊。

我很快就恢復了平靜，再次把注意力集中在這個主題上，用全息影像重播設備重現了精神和情感的連繫。我繼續關注特內考和我見過的複製人。在影像變得清晰之後，我注意到它們呈現了一個幾年後的現實，因為我可以看到現在靈長類動物中有複製人。在靈長類動物的幫助下，這些複製人在阿拉伯半島南部的幾個地區辛勤工作，而靈長類動物又在飛船上的不同船員的精神協調下工作。

全息影像發生了變化，描繪了奈伯勞的指揮室，裡面住著一部分船員。然後，在照片中我看到了另一個房間，我立刻認出這是一個醫務室。我看到特內考和他的三個人類同伴交談，我也通過心靈感應得知他們是偉大的奈伯勞號飛船上的醫生。在那個房間裡還有其他天狼星人，它們的裝備上有我無法解讀的標誌。然而，我不知怎的意識到，他們在艦上的指揮層佔有高位。他們在房間裡結成小組，興致勃勃地討論某一特定的問題。我知道這是關於地球上靈長類動物的一個重要話題。一時間，其中一個人在自己面前舉起了手，一張全息圖出現在房間中央，揭示了一些恆星的結構。起初，我不明白為什麼要向我展示這些圖像，也不知道它們代表什麼。然而，在某一時刻，一顆星出現在帶有特定文件的圖像中，它們的交會點集中在奈伯勞上。然後影像變大了，我看到了太陽系，接著看到地球、飛船、飛船的中間區域，然後是飛船上的一堆其他生物，包括特內考。我不明白這些影像的意義，這就是為什麼我轉頭看向阿佩洛斯人。他微笑著，一邊說一邊看著我。

「你在這裡看到的東西非常複雜。與地球上的占星術一樣，它與行星、月亮、太陽和其他天體有關，但與其他恆星有關的頻率較低。在那些外星生物所知的占星術中，成千上萬的恆星被考慮在內，而不僅僅是少數幾顆。當出生在太空船上時，由於是在太空中與父母的母行星無關的地方，恆星的影響要強烈得多。特內考就是這樣一個例子。我們在全息影像上看到，在他出生的時候，有一些星體排列具有相同類型的E和N結構，這些結構在地球上的靈長類動物中都有。特內考在飛船上長大，在飛船上教書，在飛船上參軍，還攀升了軍階。在這段時間裡，他的DNA中有E型和N型恆星的影響，在過去的數萬年裡，地球上的靈長類動物也感受到了這種影響。當特內考帶著一艘船來到我們的星球開採礦石時，他好奇地看著這艘船，感到靈長類動物身上有些『有趣』的東西。他與微妙的恆星影響E和N產生了共鳴，這些影響已經在這些靈長類動物的DNA中產生了轉變。接著我看到影像顯示了這些DNA部分之間的連繫，這些部分被靈長類動物和特內考動物中存在的恆星影響所改變。」

阿佩洛斯人繼續解釋。

「這就是特內考能夠將他的意識轉移到複製人身上的原因。這很容易實現，因為它的基因與靈長類動物相容。他意識到這些問題的重要性，並就奈伯勞問題向上級遞交了一份長篇報告。」

我想看那一刻的細節，當圖像在幾秒鐘內消失時，我將目光轉向螢幕。一個非常大的房間現在眼前，它是以技術為導向。一切似乎都符合人體工程學，從物體的佈局到技術設備的形式都是如此。技術設備主要由垂直或水平放置的不同類型的螢幕組成。

這張照片呈現了特內考站在一個大螢幕前，該螢幕以全息方式在不遠處投射出許多符號、標誌和影像。

螢幕在他面前的不遠處全息地投射了許多符號、標誌和影像。看到特內考右肩後面的一切，我意識到那正是他向上級遞交這份龐大報告的時刻。影像很快就出現了，我看到了答案出現的那一刻。直覺上，我感覺到那一刻特別微妙的能量浸染。這些時刻是最明確決定人類的命運、決定創造一個新生命的時刻。

阿佩洛斯人協助我理解了我看到的新影像。他告訴我，特內考的報告對奈伯勞號大船的上層造成了雷擊的影響。指揮官以及該船指揮部的工作人員，將該報告發送給母行星上的智慧理事會。答案對所有人都有啟發。特內考被告知，他並不是被隨機地安置在地球上的那個地方。他解釋說，這一切都是在很久以前在微妙的更高層面上早就計畫好的；通過他的行動，他創造了一個進化生物的原型，它將在未來存在於這個星球上。

特內考隨後明白，在現實中一切都已安排和呈現，以便他可以同步和確定他所做的那些決定和行動。即使他一開始的目的只是為了從現有的靈長類動物中創造出一種具有更高可能性的生物，以幫助提取他們需要的礦石，但現在一切都在更深層次上變得有意義了。他收到的命令是讓他留在飛船上環繞地球，並支持當時存在於該地區的靈長類動物的發展和進化的必要活動。

空間衝突引起的問題繼續存在，但特內考「超脫」了，並從那時起收到了直接命令，支持地球上大靈長類動物的自然進化，這些靈長類動物最終會成為繁榮的文明。這條命令是下達給他的，也是下達給奈伯勞號上所有領導梯隊的，接到命令後，那艘巨艦的所有船員和所有後勤資源都被指揮新的任務，只有一小部分的人不得不在宇宙的那個區域處理軍事和安全問題。

T的意義，靈長類進化的必要影響

這些影像隨後顯示了一個巨大的房間，船上的一些外星生物正在研究恆星之間的連繫及其可能的構型，以便對靈長類動物的DNA施加某些能量影響，加速它們的自然進化。我所看到的全息螢幕上的影像進行得很快，在只有兩個恆星結構被研究的時候停止了。在那些畫的前面有兩個符號。

從T、E和N的組合到靈長類的DNA，我看到T，它的強度比E和N低，開始旋轉成另外兩個符號，代表兩個

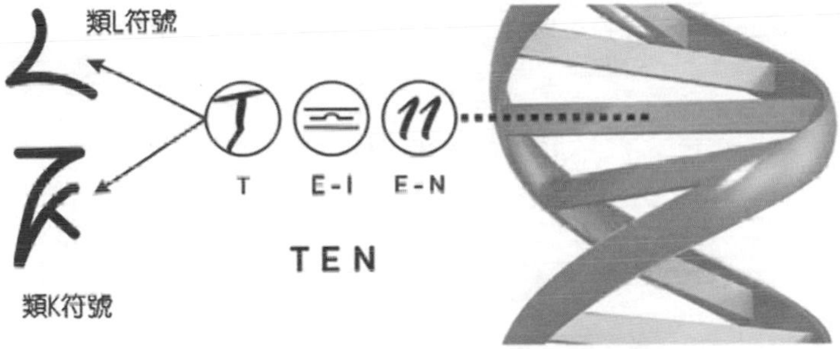

靈長類DNA中由符號T-E-N指定的頻率的影響
和T的分裂，代表兩個不同的頻率家族

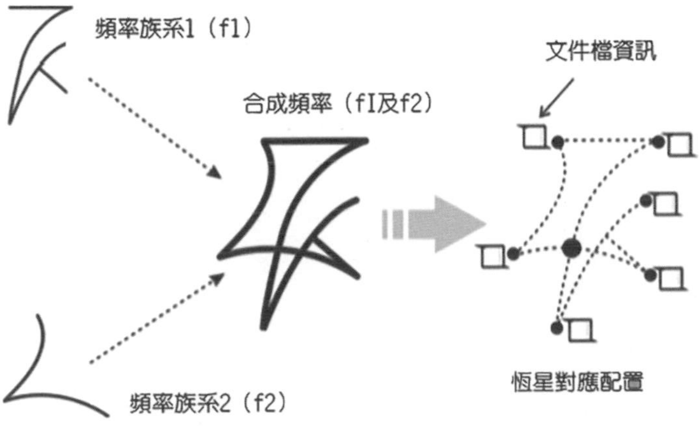

兩個頻率的結合點和它們的「星形交匯點」

不同的頻率家族。

然後，在螢幕上，我看到了這兩個頻率是如何結合起來的，它們的兩個符號結合在一起，這種結構中的恆星正是形成對靈長類進化的必要影響。

在靈長類DNA水準上，T分裂成兩個不同的頻率家族代表了選擇能力的實現。這些存有所擁有的情感狀態允許他們在從事某一特定行為模式之前進行選擇。它不再是關於本能，而是不斷更新的理性感覺和選擇，因此，正如我們從連續的影像中了解到的，E—N符號指定的頻率影響著DNA結構中T符號指定的頻率。結果，複雜的介面誕生了，誕生了新的頻率家族。這些頻率族由兩個符號指定：一個類似於

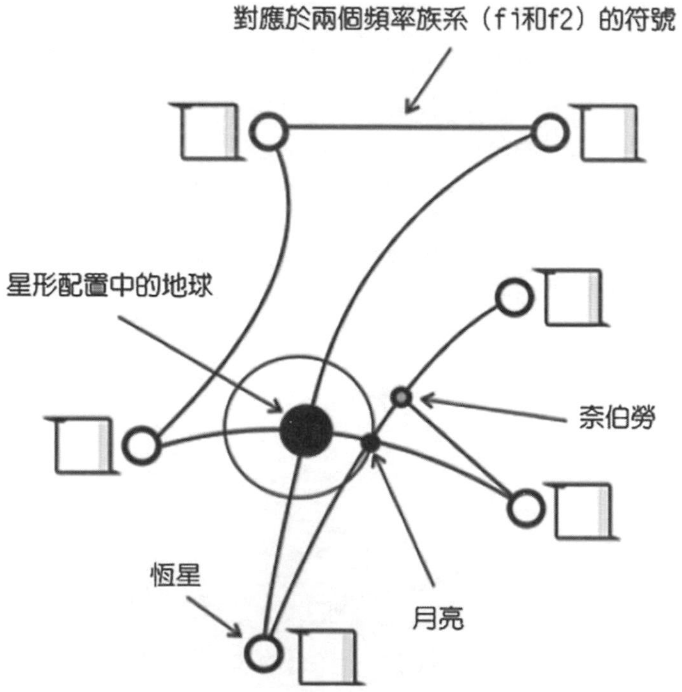

在與干擾產生頻率相對應的
恆星構型中，奈伯勞在月球附近的定位

K的符號和一個類似於字母L的第二個符號。

根據我在全息螢幕上看到的一系列閃光，奈伯勞人已經定居在我們太陽系的行星中，以支持人類未來進化中這一非常重要的分裂。在某些情況下，為了放大這些介面頻率，奈伯勞位於月球旁邊，其結構使其與重疊頻率符號保持接觸。

符號 K，天地之間的連繫，神聖的支持

K 符號的意義非常重要，隨著時間的推移，它已經定義了地球上原始靈長類的遺傳學。關於它的神秘含義，我們從阿佩洛斯人那裡得到了一些有價值的資訊。特別是對天狼星來說，這個類似於字母 K 的符號非常重要，因為它代表了天地之間的連繫。換言之，它意味著神聖的支持，但同時，它表明支持其他存在與高度的靈性。隨後，我將更詳細地闡述 K 象徵意義的不同面向，正如它向我展示和解釋的那樣。

K 符號代表一系列頻率，這些頻率直接與神聖的影響和支持以及在物理層面上的存在提供的精神幫助直接相關。換句話說，我們有微妙維度的幫助，特別是一方面來自乙太層（接近物質層面），我們也有來自物質層面本身的幫助。這樣的符號表示從上到下的神聖影響和支持（指字母或符號「K」中的垂直線），它建立了「天地之間」的連繫。也就是說，它來自微妙的層面作為物質層面的向下顯化。

正如我們所說，這種影響也得到了微妙維度的天體實體的支持（參見符號「K」中的頂部斜線）。側線（向下的斜線）代表了在物質層面上存在支持的其他影響的可能性，例如半神的影響和幫助，半神也有某些偏好或傾向，例如，支持一個國王、一個民族或一群朝著某個方向發展的人。所有這些支持都是從中點開始的，但乙太層面在這方面意味著什麼？我將在下一卷中更詳細地描述這個非常重要的符號。

DNA的特定E—N—L和E—N—K家族，兩者的差異及關連

接著，我看到了兩個不同的頻率家族，連同K和L符號，是如何與E—N結合在一起的，從而產生了這些生物DNA的特定E—N—L和E—N—K家族。其中，我們看到了由E—N—L符號指定的生物是如何擁有更大更精細的生物場的，而由E—N—K符號指定的生物則具有更「受限」的牛物場。

由於六邊形所表示的頻率所產生的干擾，這兩個頻率族都存在，但由於特定的共振，L符號所表示的頻率更具可持續性。

在這個分裂之後，我意識到由E—N—K符號代表的生命的發展是為物質層保留的，而由E—N—L符號指定的生命的發展將包含物質層和微妙的乙太層。這使得一些靈長類動物，其中L—指定的頻率家族更多地存在，並且更多地以E—N—L格式組合，能夠更快地熟悉六邊形符號指定的頻率。正因為如此，它們進化得更快。E—N—L發展得更快，而且他們長期生活在外星基地附近，以不同的方式與外星生物互動，幫助他們或向他們學習。最先進的標本甚至可以進入這些基地。在它們的進化過程中，外星DNA連續階段的混種非常重要。

過了一會兒，E—N—L生物開始產生時，胚胎從一開始就受到了來自外星基地的微妙能量場的影響，以及奈伯勞醫生支持的基因突變的強烈影響。

E—N—L 分支上的生殖支援

在觀察了地球起源的所有這些元素之後，我想知道E—N—L分支是如何維持生殖的，它顯然是與外星 DNA 強烈混種。

螢幕上的影像消失了幾分之一秒，以便立即將天狼星奈伯勞飛船的影像放置在其已知的恆星線網絡中。

正如我所說的，在他們形成的巨大宇宙網絡中，總有一個天體受到微妙的影響。例如，為了在靈長類 DNA 水平上啟動轉化，地球首先處於中間位置。後來，在另一個恆星構型中，我們的太陽處於中間位置，以便確定這些生物 DNA 結構進化的一個新的重要階段（見下頁插圖）我現在看到另一個配置與月亮在中間。它還向我表明，月球是決定靈長類動物性別發展的基本因素，而靈長類動物將在地球上的進化過程中成為人類。

在全息螢幕上，我看到了一個投影，它是奈伯勞的一個微妙的「乙太副本」，以注意到大量生物的存在，或者更優選地，靈魂作為微妙的空靈顯現。我還通過心靈感應立即意識到，他們利用飛船的精微體來影響屬於E—N—L 分支的胎兒基因組合的發育。通過這樣做，出生在E—N—L分支上的眾生得到了精神上和乙太上的支持，得到了奈伯勞上相容的生命的支持。這艘巨型太空船的支持主要集中在地球上的生物群體、部落，或在某些情況下，只是在一個地區。除了個人能力之外，支持只取決於靈長類動物和船上外星生物之間的相容性。

隨著時間的推移，E—N—L生物已經進化，甚至開始「分解」為E—N—L主要分支的次級分支，形成了新的發展路徑，如E—N—L—A、E—N—L—I、E—N—L—O和E—N—L—A。還有其他這種組合。我看到，就像在一棵樹的壯觀生長中一樣，E—N—L的主頻或「主幹」被「分裂」成幾個分支和次分支或次頻率，每個分支都有自己的特徵、潛力和力量。

二級分支中的符號不是我當時已經知道或可以識別的（A／E／I／O／U等），但我給出

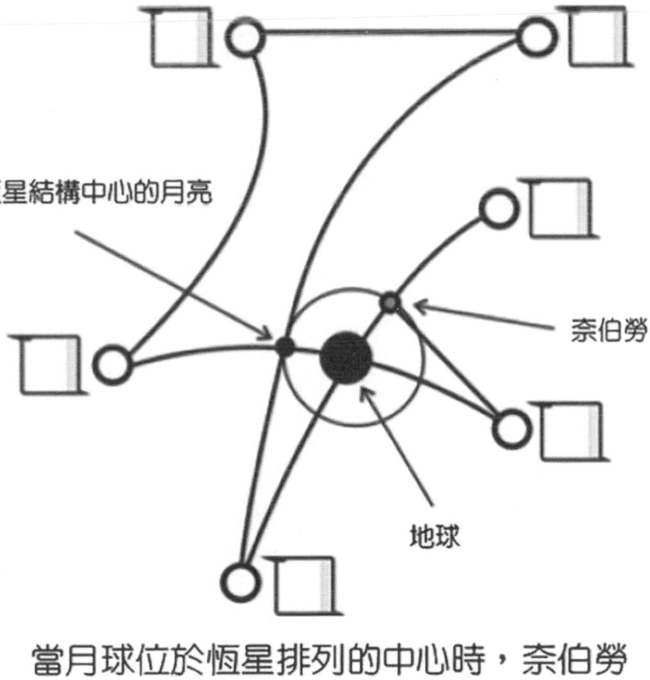

當月球位於恆星排列的中心時，奈伯勞在太陽系中的相對位置

這些解釋，只是為了盡可能簡單地理解正在發生的事情，因為我在全息圖像中看到的符號要複雜得多、動態得多。然而，為了了解它們的結構和外觀，我經常停下來在紙上寫下這些元素，盡可能地將它們關聯起來。我對那些來自E－N－L分支的特殊靈長類動物是如何發展的感到好奇，我能夠看到複雜的連繫和外星生物，它們開始從奈伯勞來到我們星球的表面，他們的使命是支持加速發展那些靈長類動物的進化。

從一連串的影像中，我意識到奈伯勞已經成為幾千年來一個強大的精神焦點。她的軍事使命已經改變，主要集中在研究，以創造和支持一個新的存在和新文明的發展。我還看到船上的人幾乎增加了一倍。正如我所說的，還有一個軍事部門守衛著船周圍的空間，但居住在這艘巨型太空船上的大多數生物都是以科學研究為導向的。

在我看來，這些影像是崇高的，但我無法欣賞它們，因為我很快就注意到，外星人的支持行動是不完整的。從E－N－L分支進化而來的靈長類動物，在上述方法的支援下，不但沒有獲得太多，也沒有足夠快速地獲得。儘管奈伯勞的研究人員對喚醒進化靈長類動物的意識給予了極大的支持，但它們的數量仍然太少。

這個缺陷以一種標誌著人類隨後進化的管道得到了解決，在我在全息螢幕上觀看的影像中，我注意到了一個劃時代的事件，它發生在月球上，這是由於奈伯勞與某些恆星在一個網絡中的定位。這一事件，最有可能有一個微妙的乙太性質，在我看到的圖像中被認為是一個恆星配置，中心是非常明亮的月亮。通過影響月球的運動和軌跡，進化出的靈長類動物更傾向於性活躍。

另一方面，E—N—K分支在沒有任何幫助或外部干預的情況下繼續以其自然的速度進化，因為振動頻率的差異仍然太大，無法與進化的DNA進行有效的混種。

亞當，第一個人出生的那一刻

圖像緊隨其後，顯示了在E—N—L分支啟動後幾千年發生的一些事件。在全息圖像中描繪的某種「動態」地圖上，我看到他們當時在地球上與許多其他類型的靈長類動物共存，這些靈長類動物已經達到了不同的進化階段。在所有這些人形生物中，E—N—L分支顯然得到了外星文明的支持，這些文明監督著這個星球上新種族的發展過程，既引導個體在某些領域發展，也通過「播種」他們以促進他們的DNA的發展。

E—N—K分支的女性生育率相當高，而E—N—L分支的男性仍然被她們吸引，這可能導致E—N分支的嚴重退化；因此，人類的進化節奏可能會減弱。

就個體數量而言，E—N—K分支佔優勢，E—N—L分支數量相當少，已經撤退到地球上一些最偏遠的地方，特別是沿海地區和島嶼。我不太明白為什麼E—N—L生物對沿海地區有這種偏好，但從我所看到的，很明顯他們只在這些地區定居。基本上說，我還沒有見過大陸上的生物。

然而，事實仍然是，在E—N—L分支存在物的DNA中，六邊形符號占主導地位，代表了導致它們明顯升高的某個頻率家族，從而使更進化的E—N—L生物成為真正的發射者和來自其他ENL分支甚至ENK分支的其他生物的強大來源，為所有人的進化做出貢獻。它們代表了一種高度進化的生物場爆發，這就是為什麼與它們生活在一起的生物，甚至是進化程度較低的生物，或多或少地承擔了這種非凡影響的一部分，從而大大改善了它們自身ＤＮＡ的特徵。

在每一次這樣的變化中，我都能從螢幕上呈現給我的投影中看到，除了奈伯勞號外，還有另一艘外星飛船，它比我現在熟悉的那艘船要大得多。另一艘飛船位於我們太陽系的不同區域：靠近月球、土星或其他行星，支持恆星或行星結構產生的複雜基因突變，並因飛船的位置而放大。

經過幾千年的發展，受高等Ｅ—Ｎ—Ｌ分支影響的生物已經有了更接近人性的結構。他們開始失去毛茸茸的毛髮，變得更加「聰明」，身材更加挺拔，並開始表現出一定的智力能力。我見過這樣的進化靈長類動物表達內心的快樂，有某種高尚的感覺，比其他靈長類動物安靜，甚至「冥想」的基因複雜性也開始顯現出來。

有些人天生就有金髮，有些人沒有頭髮，有些人有藍眼睛，有些人有綠眼睛，等等，胚胎從一開始就發生了變化，就在生殖階段之後。

直到有一次，我看到太陽系中的行星和一個巨大的太空飛船以一種特殊的方式被定位。影像展示了如何從一個更複雜的Ｅ—Ｎ—Ｌ分支的延伸，一個高度進化的胚胎被定位於完成一個高度複雜的遺傳轉化，這將在幾千年內發生。影像聚焦在這些時刻，提供胚胎受孕的細節。

後來有一個非常重要的事件，最後成為了一個神話。通過反覆地雜交育種，胚胎自然地由E—N—L分支的雌性發育而成，與天狼星文明共同的微妙乙太體相相容。在此之前，E—N—L線不同分支的生物只能「精神上」受到外星生物的微妙影響。那個存在成為未來人類的原型，外星靈魂真正投身於那個身體是可能的。

通常，這是通過有意識地假設外星人進化的靈魂——在他離開他的物理形式之前——轉世為一個更粗糙的身體。從本質上講，外星靈魂假設地球上E—N—L的一個物理身體，以便通過他意識的非常高的振動水平逐漸確定DNA中的必要變化。一旦這一過程開始，被糾纏在E—N—L線身體中的外星生命的靈魂將留在地球附近的星光層，然後繼續在這裡轉世，尊重生命和進化的自然法則。

一方面，允許干預這種「調製」，另一方面，支配宇宙秩序和進化的宇宙法則之間的平衡，就像在高處走鋼絲一樣。你必須對宇宙法則有深刻的了解，也必須完全謙虛並獻身於神聖意志，理解並感知自己行動的方向，才不致與它們產生抵抗，尤其是當涉及到一個有意識生命的銀河計畫時。否則，失敗是可能的，而且會在短時間內發生。

因此，必須有一門將科技與創造的神聖法則相結合的科學，這是達到了高度靈性進化的存有們已經知道的。在我看來，正如我能夠從所呈現的圖片中看到和理解的那樣，那些來自非常先進文明的人進行了犧牲，因為像那些靈魂中的一些人所假設的那樣，通過連續的投生回到一個較低的層面和一個純屬次等的物質形態，既不容易也不令人愉快。然而，在那個階段，這是實現人形生物從起源到更進化生物的正確和自然轉變的快速精神方式。

這是第一次滿足第一個人類誕生的所有條件。如果在過去，像特內考的情況一樣，意識轉移到複製人身上，這是一個新物種的自然進化過程。於是，我看到了一個高度進化的外星生命化身過程的開始，在全息螢幕上，透過更強烈的光亮，穿透了一個E－N－L系女性的胚胎。通過胚胎在DNA水準上的反覆轉化，一個身體被創造出來，與高級外星人的靈魂相相容。我知道這是地球上第一個進化非常快的人類，它屬於E－N－L分支。

當然，可以想像，這個「出生」並不是一個普通的出生。我被詳細地展示了它的未來是如何通過一種非常先進的技術一步一步發展起來的，其中包括與微妙的上級維度的連繫。我很好奇看到地球上建造的一個圓形外星實驗室的內部，那裡完成了E－N－L分支新人形生物的基因發育。我看到有一種胚珠囊，裡面充滿了半透明的微膠狀液體，從E－N－L雌性中選取的胚胎被安置在那裡。

胚胎發育很吸引人。一開始，白色的尖刺出現了，看起來像是神經末梢。然後他們合併，形成愈來愈複雜和緊湊的結構，可能是基於一個密碼和已經建立的微妙乙太場結構。胚珠囊懸而未決，但在它周圍，我看到了其他複雜的裝置，它們發出有節奏的明亮閃光，就像雷射一樣照射在胚珠囊上。我推斷這很可能是創造肉體所必需的一個特定過程，「生命的火花」，即高度進化的天狼星的靈魂，隨後被降低到其中。

我詳細地看到了他身體快速發育的過程。在有發光閃光燈的地方，一個小漩渦從粘稠的液體中冒出來，一個細細的白色線狀元素從中延伸出來。後來，它長得愈來愈大，並分支出來與其他類似的線程相結合。一切都是動態的，包含著許多細微的差別，對這些差別的描述需要太多的時間和空間來描述。

我非常好奇地想知道，至少在大約一年的時間裡，人類發生了這一非同尋常的事件，這是一種「奠基石」，特別是對這個人類，對整個人類。當我表現出如此真摯的興趣時，我聽到了我戴著的特殊頭盔中頻率的「播放」，在全息螢幕的右上角，一些特定的符號將頻率加倍。

據我所知，這段時間大約是西元前368,000—367,000年，在靈長類動物的DNA經歷了幾千年的連續轉變之後，第一個人類似乎是完美的。周圍還有其他E—N—L生命的肉體，但在他們當中，只有這個肉體以某種管道「注入」了完美。

位於波斯灣北部伊拉格的一個地區，亞當在那裡，沒有夏娃、蛇或著名的蘋果陪伴。這些可能是後來的隱喻，與生殖的可能性直接相關，因為起初，亞當是雌雄同體的。

因此，通過一個神聖的行為，作為一個非常複雜和古老的時代的結果——正如我以一種非常清晰和高度概括的管道所展示的那樣——亞當（作為一個高度進化的外星實體的靈魂）通過從那裡的船上發射強烈的光線而化身，正如前面提到的。

當第一個人出生的那一刻，我在螢幕上看到了。這是在向一個新智慧人種連續轉變的框架中之第一個高級意識存在，所有這些人都出生在地球上與人類的創造該項目的發展有關。這個名字幾乎沒有隨著時間的推移而改變：亞當。

我可以坦率地承認，我從來沒有見過像螢幕上的亞當這樣一個完美的存在。因為我和全息螢幕之間的特殊互動——通過跨維度頭盔反映阿佩洛斯先進科技——我能夠非常清晰地感受到第一個人類的非凡特徵，他的遺產在此後很長一段時間裡一直保留著，成為所謂「現代」人的基礎。雖然這個過程要複雜得多，而且不遵循線性進化，但我們仍然可以說，在某種程度上，我們的DNA的根是從亞當這個第一個非凡的存在開始的。在這方面，《聖經》文字是準確的。

我所接受的心靈感應和直覺的傳遞，也包括我的感官，變得如此清晰和強烈，以至於我幾乎被興奮所淹沒，無法控制我身體的微弱顫抖。我被清楚地展示和理解，化身到亞當身體裡的靈魂是一個完美的靈性天狼星。

然而，在物理層面上，亞當的DNA含有一定比例的靈長類DNA，因為胚胎來自上E—N—L分支的一位女性。亞當的意識水準是如此的進化，以至於當他第一次睜開眼睛時，我能看到他已經處於一種深深的恍惚狀態，在這種狀態中他保持了很長時間。

在對他生平的簡要總結中，我注意到了一些尚未闡明的「空白」；意思是，亞當有一段時間不在波斯灣地區；但在他在地球上剩下的很長時間裡，他仍然停留在大致相同的地區。他的存在代表了一種幾乎連續不斷的冥想和反省，以及對保持身體和靈魂的非凡純淨的關注，這是有效傳遞ＤＮＡ以實現他們想要的基因改變所必需的。

即使有些人感到震驚，有些人認為這是褻瀆，這就是亞當存在的真相。也許我的優勢在於，這種非常先進的科技並沒有錯，而且，我們能夠以相當快速但特別精確和互動式的管道獲得那些時代的總結元素。這就是為什麼我決定呈現人類真正起源的這些方面以及人類真實歷史中的一些重要時刻，相信至少有一些讀者能夠通過其他管道直觀地感受甚至驗證我在這裡所揭示的東西。

例如，我理解亞當「覺醒」的連續時刻可能很難接受，但我仍然會在這裡陳述它們，就像我在呈現的影像裡面看到的一樣。第一次是亞當第一次睜開眼睛，沉浸在膠狀液體中的那一刻。然後，在接下來的一瞬間，我看到了當他赤裸的身體留在肺泡裡時，凝膠狀物質是如何慢慢洩漏的。當他從肺泡裡爬起來走出肺泡的那一刻，我就看到了。在那之後，我看到了他從事冥想或其他活動的不同情況，但他似乎總是一個獨立的，沉默的，甚至神秘的存在。

有趣的是，靈長類動物進化到今天的人類並不僅僅是在生理上實現的。在第一批複製人的案例中，特內考的意識發生了轉移，而這僅僅是身體被用作交通工具。這對於支持靈長類動物的精神進化是必要的，這樣他們的靈魂就可以嵌入越來越特殊的載體中。如果參與該項目的天狼星和先進文明提議只做複製人，他們會很快成功地做到這一點。然而，利害關係的關鍵在於這些靈長類動物意識的進化發展，以便它們能夠進化。這就是為什麼亞當的「出生」是非常重要的，因為它是進化靈魂的第一個自然化身，變成一個粘土體，也就是地球的「生物原材料」。由此可知，他的ＤＮＡ也包含了地球上靈長類動物ＤＮＡ的基本結構，正是從這一點開始了他身體的「建模」。

亞當的化身顯化是允許神性顯化的必要條件：首先，通過從垂直平面下降，然後通過新增那個特殊存在的ＤＮＡ水準擴展。擴張是由E—N—L分支中女性生物的許多幼苗完成。

通過這一程式出生的生命可以被完善成身體，這些身體能夠融合來自不同文明的外星人靈魂，這些靈魂支援地球上新物種的發展。換言之，從純人類的ＤＮＡ開始，實際上是雄性的，然後通過基因工程探索胚胎發育的各種可能性。

亞當的雙性同體更像是一種身體和心靈的特別和諧，很容易被注意到，它不包括性別差異。

我看到他在所有的輝煌，他的完美：他是一個偉大的生物，約2.5米高，類似於他周圍的外星生物。他的腰圍比正常男性瘦；他的皮膚是白色的，有一頭絲般的銀髮。他的眼睛很大，呈杏仁狀，像深水，他的五官給我留下了完美的精緻和和諧的印象。

他給人的總體印象是一個男人，但他有一些女性化的特徵，使他非常優雅。從我聽到的特定聲音，我的大腦皮層以某種管道翻譯了這些聲音，我很容易推斷出亞當活了很長時間，大概活了750多年。[34]

由於他身體的特別純淨和和諧，這是可能的，因為他的DNA的進化性質。從某種意義上說，他的「主要任務」是充當一個「DNA矩陣」，為從他的DNA中衍生出來的生物服務，在這個矩陣中加入各種其他類型的DNA，以便逐漸為他們想要創造的新文明提供複雜但穩定的公式。從這個角度，我們可以理解聖經中說亞當「生」了兒子和女兒。這意味著他的基因已經被傳播到了一些女性體內，這些女性體內孕育出了能夠被承擔這一使命的進化外星生物的靈魂「居住」的身體。

34 聖經上說亞當活了930歲。【羅馬尼亞編者註】

符號N，複製的「標記」，亞當DNA基礎的延伸

即使亞當被創造出來，作為一個新物種的完美母體，他不能生育。同樣地，沒有其他生物，即使是那些出生於亞當斯基因的生物，能夠在一開始繁殖。大多數與亞當DNA雜交的生物都是雄性激素。隨著時間的推移，通過新增以這種管道出生的人的數量，實現了性別分化。

很有可能，關於「亞當和夏娃」的神秘和基督教傳統很可能正是指人類進化的那個階段，夏娃代表了兩性分裂的時刻，這包括與月亮有關的一些非常特殊事件的直接連繫和偶然發生。就在那時，女性氣質的神秘、微妙和內省特徵在地球上創造的新生命中定義了自己。

從這裡開始，現在很容易理解女人是「從男人的肋骨」生下來的；這意味著「夏娃是從亞當的肋骨出現的」，因為兩性（男性和女性）的出現實際上只是亞當DNA基礎的延伸。例如，沒有「原始」的女性存在，即夏娃，女性性別的原始代表。在全息螢幕上的總結歷史中，我沒有看到任何類似的東西，相反的，我通過心靈感應理解了「夏娃」這個詞的含義，正如我剛才解釋的那樣。

新生命中兩性分裂的特殊時刻是由符號N顯示的，這個符號看起來很像H，因為當

它顯示在全息螢幕上時，我看到兩條垂直的線，中間有一個較大的點。

他的意義在於，外星生物和人類的性別分化加劇。一方面，外星生物的靈魂承擔了形成超人的任務，他們與自己的文明「分離」了，因為他們與地球連繫在一起，是為了他們所承擔的使命：在這裡創造一個新的文明。這是第一條垂直線（見上圖）。另一方面，我們星球上的許多類人生物，其DNA已經經歷了某些轉變，與其他類人靈長類動物家族的次等結構分離。這是第二條垂直線。符號中間的那一點象徵著使這種轉變成為可能的神聖意志。

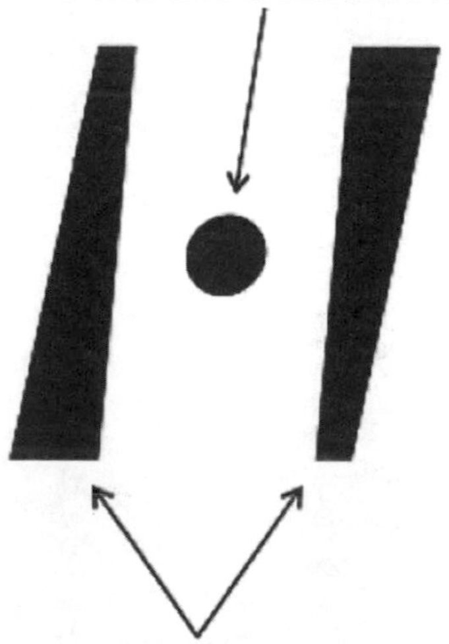
這一點代表了神聖意志的表現
定義近人進化過程中必要的性別分化片段
符號及其一般意義

這一點也代表了天體力學的一個基本時刻，當某些恆星在它們的相對運動中排列在一起，對行星地球產生巨大的影響。隨著在這些影響下出生的類人生物數量的新增，愈來愈多的外星生物必須投生在地球上。

新文明的發展顯然取決於新身體中意識的進化。至於眾生的靈性進化，他們還沒有進化成靈魂，能夠將自己融入亞當基因結構所衍生的眾生的純淨身體中。為了實現地球上整個類人文明的進化，許多來自銀河系其他文明的外星靈魂開始「遷徙」並投生在地球上。

參與這項宇宙計畫的先進外星文明發揮了這些巨大的可能性；當然，這是以宇宙的速度發生的，也就是數萬個地球年的時間。通過這種管道，正是在宇宙層面上利用了這個機會，在積極意義上加速了人類進化。與此同時，這些外星文明必須確保有足夠數量的新物種個體來到地球，以確保其在地球上的自我保護。

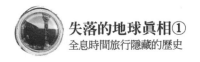

必要的解釋，高度意識的使命及神聖的結合

我覺得有必要在這裡提出一個觀點，因為無知，特別是某些人的偏執，很容易阻礙對事物的公正理解。從迄今為止所呈現的，特別是與亞當有關的，人們可能會理解，人類將不會是「上帝的創造物」，而只會是基因操縱和複製人科學操作的產物；而且，人類（暗指亞當）只是一種由外星文明自行決定進行的「實驗」，他們除了扮演「主奴」之外別無選擇，這樣的解讀會凸顯缺乏精神成熟度去正確理解人類被創造的過程。我想我們可以很容易地克服「上帝創造了一個泥人」的幼稚想法，用手塑造了他。我認為，即使對最頑固的人來說，這樣的「現實」也太可悲、太不道德，不能作為一個好的論據來論證。

首先，上帝的存在必須被正確地理解，並在直覺層面上被認為是不可知和超越的；或者，相反的，它可以從周圍現實的角度來理解，在這個意義上，上帝是我們通過我們的感官和頭腦所看到和經歷的一切。如果這兩個「變體」不能同時成立，那就意味著上帝不是無所不知、無所不能的。但是，因為上帝正是這一切，而且遠不止於此，他無處不在，或者換句話說，在所有事物中。因此，上帝的行動絕不能是「手動」以創造「某物」——一個事物或一個存在——因為祂的存在和能量滲透一切並且可以完成一切。當上帝在祂的創造中以某種目的行事時，祂通過祂的「適當」工具行事，所有這些工具都是祂在一個完善

的精神層次中的創造。正如數學或物理問題是通過完善的定理、定律或微積分規則來解決的，這些是這些精確科學中的工作工具，上帝也通過祂的「工具」來行動並完成祂的神聖意圖；這些工具通常是扮演神聖計畫的「使者」和「肇事者」角色的存在和實體。

這是一個現實，從造物中觀察到的每一個動作中都會顯現出來，因為每一件事物總是完美無缺，即使在我們看來——而對我們表現出來的主觀主義——事情並沒有按照我們的意願發展。

就創造人類而言，作為地球上一個獨特的類人種族，事情的發生管道是相同的。上帝通過他的「工具」行動，這些工具最適合完成這個非常複雜的計畫，這些工具指的是幾個非常先進的外星文明。這些主要是人狼星文明，由其最高理事會控制；大角星文明；以及昴宿星文明，他們反過來又受到超自然天體的引導，完成委託給他們的神聖使命。

我們談論的是已經達到高度精神和技術發展的外星文明，他們非常了解宇宙的神聖法則，無論是物理上的還是玄學上的。他們所有的行動都是神聖的結合，並得到了上層天界偉大眾生的支持和啟發，因為正如我所看到並隨後理解的那樣，人類是以這種管道被創造出來的——甚至地球和太陽系在億萬年的時間裡的形成，都是基於某些意圖和清晰而深刻的思想，有一個「時間上的大脈衝」，被大多數生命所遮蔽和未知。因此，關於地球上人類的出現和進化所發生的一切，不是任何外星文明的一種特定的風潮、遊戲或實驗，而是全然為上帝的旨意，不管是過去還是現在。主要外星文明的高度意識表達了這一使命，並參與了我們星球上人類的創造。

第7章

人類所不知道的基因組改造：E-N-L生物的進化跳躍及E-N-K的最高分支

亞當出現後，由於出現的生物是雙性同體，非常和諧，精神上也在進化，這導致了在監測人類進化過程的外星文明高度先進科技的幫助下，自然發展和基因工程相結合。在這些生物中，亞當是第一個在DNA結構中組裝最合適的組合，幾乎完全平衡，這是一個雌雄同體的特徵。

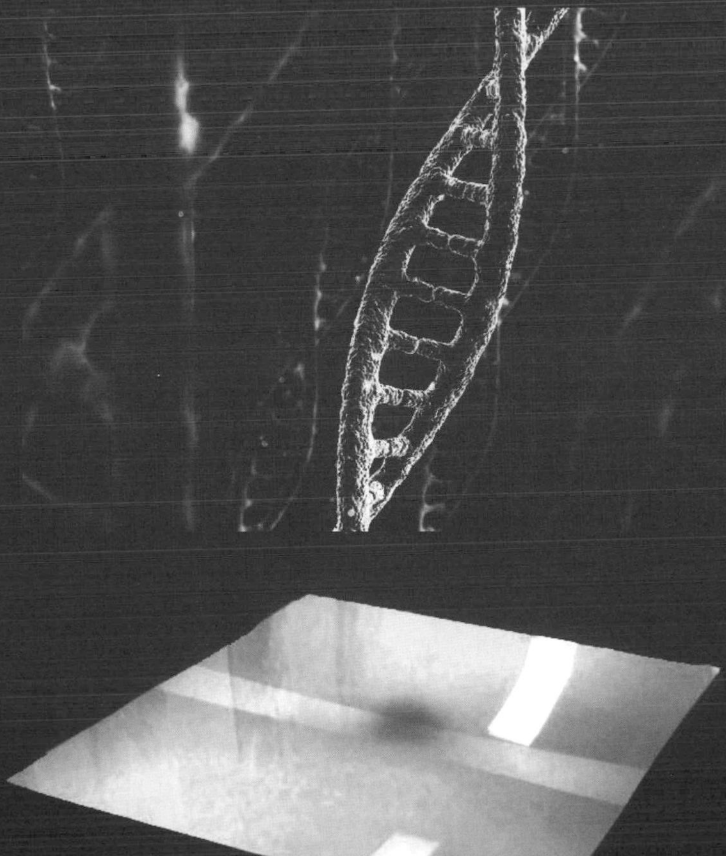

我為我們所聽到的，以及對全息影像中令人難以置信的精確呈現而興奮，全息影像強調了人類形成和發展的關鍵時刻。在各種精神傳統的文字或歷史著作中，關於人的起源，所有的東西都只是含蓄地或隱喻地提出，但我現在看到一個令人欽佩的和非常清楚的總結。然而，由於資訊的複雜性，它非常濃縮且難以追踪，需要一個高度的注意力和情緒的穩定性，以便能夠連貫和明瞭地展開影像。

要真正「消化」第一個人類並不是那麼容易的，這個「祖先」你可能在很久以後，通過一個驚人複雜的轉換、合成和細微差別的鏈條，定義了DNA的結構。它是一種祖先的連繫，一個時間弧，使我們敏銳，使我們意識到我們擁有的深層資源。我在那裡所看到的，為我們人類的起源帶來了必要的啟示，澄清了許多未知數和問號。

雖然影像的發展很難跟踪，但這所需的努力在很大程度上被資訊的驚人價值所抵消。

人類DNA兩個主要分支的混種

亞當是第一個有意識的人類，屬於E－N－L分支，在地球上被創造出來，具有大部分完美的特徵。從我看到的圖像來看，許多其他生物都是在他之後出生的，具有大致相同的DNA結構，高度進化並且遵循同樣的「繁殖」模式。據我估計，他們的數量超過一千人。在非常特殊的能量事件之後，這些特殊的生命出現了性分化，月亮在其中扮演了最重要的角色。由於特殊的恆星排列，當時月球上出現了一些「宇宙實現」，之後，我們星球的衛星在地球上獲得了巨大的變革作用。

另一方面，正如我所說，「夏娃」代表了與人類在月球事件之後，可以通過性方式出生這一事實相關的重要「元素」；也就是說，在地球上跟隨和化身的星體靈魂能夠在男女之間做出選擇。不再只有一種類型存在，即雌雄同體，而是由於基因組合重複了數千年，最終實現了重大飛躍，靈長類的DNA得到了充分的改進，從而允許進化的靈魂從星光層轉世。

正如我們在全息影像中所看到的，未來的基因組合涉及到基因工程，其中DNA富含其他特定的DNA片段，這些片段取自其他外星種群，這些種群接受了地球上未來人類的這種「混種」方式。據我所見，我估計已經有二十多種外源DNA參與了基因工程的運作。

正如我所說的，亞當的天狼星ＤＮＡ事件是一步一步為他之後的其他生命所造的，使用了其他外星文明的ＤＮＡ；因此，來自其他星球的生命可以出生在地球上。

我看到這兩個身體都是在那些特殊的實驗室裡發育出來的，還有ＤＮＡ組合的合成，其中包括混種。因此，新人類的ＤＮＡ在地球上靈長類的ＤＮＡ中有一個共同的基礎，這是天狼星ＤＮＡ的重要組成部分，以及其他文明的外星ＤＮＡ的其他「片段」。

與人們可能認為的相反，我們沒有看到「僵屍生物」，這通常是由劣質或粗暴的基因造成的。然而，那些被創造出來的新ＤＮＡ的混種，它們非常精緻，並誕生了進化靈魂，既能夠也希望體現出身體。

我停止了幾分鐘的觀察，因為資訊和數據的量太大了。我覺得有必要放鬆一點，在來自阿佩洛斯的人的幫助下，對人類進化的第一階段作了全面的回顧，以便我能盡可能清楚地理解事情。我甚至畫了一個草圖，這在後來的知識沉澱中證明是有用的。因此，亞當出現後，由於出現的生物是雌雄同體，所以人口沒有恢復。數量很少，但他們非常和諧，精神上也在進化，這導致了在監測人類進化過程的外星文明高度先進科技的幫助下，自然發展和基因工程相結合。在這些生物中，亞當是第一個在ＤＮＡ結構中組裝最合適的組合，幾乎完全完美地平衡了雌雄同體的特徵。

直到後來，當一個生存了相當長時間的進化的生命中，有一個特定的點，即性繁殖的增殖過程（以符號N為代表）開始。正如我所說，這是因為一個與月球直接相關的特別事件。在兩性分裂之後，在他們開始繁殖之後，出現了一種緩慢進化的人類物種（來自原始的E—N—L分支），其DNA主要來自外星，但也結合了地球上靈長類動物的一些DNA。另一種人類物種（與E—N—K符號有關）自然地被「留下」獨自發展，特別是為了維持與地球的特定能量產生強烈共振。

因此，從頻率的一種基本組合中，E—N—L（它促成了E—N—L—A、E—N—L—I、ENLO和E—N—L—E等E—N—L分支的發展）；我們可以稱之為E—N—L—X的一個分支，以亞當的身份出現。亞當的「誕生」，甚至出現了更複雜的子框架，如E—N—L—I—L、E—N—L—I—L—A；E—N—L—A—A、E—N—L—A—I等。

所有這些都只代表了頻率的多樣性，從基本頻率（E—N—L）開始，其中一些頻率從亞當的DNA中「插入」，另一些來自於雌雄同體生物的DNA，這些來自亞當的天狼星DNA以外的其他外星DNA系。

另一方面，與E—N—K符號相關聯的存在物平行發展，但速度更慢，因為它們沒有E—N—L生物那樣「注入」外星DNA，而且大多數甚至根本沒有。然而，由於存在著發達的E—N—L生物，與僅通過自然選擇發生的發展相比，即使是E—N—K分支也發展得更快。

在地球上人類進化的所有這些階段中，在我看來，最重要的一個階段是兩性分裂；或者，換句話說，亞當DNA中的生物開始繁殖的那個。

這一基本階段的意義很快就被破譯出來，並以非常清晰的方式描繪給我，通過與月球上產生的變化有關的符號：中間的圓（見247頁的圖表）代表原始的雙性同體，即第一個同時體現男性和女性特徵的存在。

然後，側面的兩個分支代表了兩性分裂的現象，這是人類生理學上由月球上產生的變化所決定的，這反過來又導致了E—N—L生物的多樣化。他們有非常敏銳的智力，也表現出強大的超自然力量，這要歸功於他們的不同，體長超過二公尺半，但他們的身體相對較瘦，和諧和精緻。他們的體態美因非凡的精神價值和意識的磨練而倍增，他們有非常敏銳的智力，也顯示出巨大的超自然力量，這要歸功於他們高度進化的DNA。

與他們相比，E—N—L生物來自靈長類動物，它們的DNA大多是「地球上的」，其次是外星的，它們比E—N—L生物矮，沒有相同的精神和智力稟賦，反而更有活力，它們的身體更強壯，更有體力。

然而，隨著時間的推移，儘管E—N—K生物更厚，他們的智力潛能沒有E—N—L

生物那麼發達，但他們仍然表現出一定的能力，但程度遠遠低於E—N—L生物。

在一定時期內，兩個主要分支（E—N—L和E—N—K）共存，孕育了我們星球上遠古時代的所謂「神話」文明，但實際上，它們盡可能真實。誠然，隨著時間的推移，E—N—L的一些分支，由於受到E—N—K生物的干擾，「失去」了某些能力和特徵，但即便如此，他們仍然是非凡的生物，他們的基因仍然孕育著強大的力量。通過這些混合物，它們的平均高度顯著下降。

另一方面，「半神」的傳說大多是由真實事件產生的，它們指的是具有混種基因（介於E—N—L和E—N—K之間）的人類，他們具有特殊的能力和特徵，是E—N—K分支的生物與進化的外星生物或E—N—L分支的生物結合的結果。

所謂的「半神」擁有E—N—K體，但由於它們與外星DNA結合，它們的基因屬於E—N—1分支。通過反覆的性交，一些非常高的生物已經形成，高達三至四公尺；總的來說，那是地球上「巨人」的時期，他們的一些骨骼是最近在地球的幾個地區被發現的。

與大量的E—N—K生物不同，「半神」有著特殊的能力，能夠與外星科技有效互動，可以使用他們的飛船並擁有驚人的身體能力。這些非同尋常的人類家族（無論是純E—N—L或E—N—L與進化的E—N—K混種，即「神」），甚至在更接近現在的時代繼續留在地球上，但隨著E—N—K生物的大量繁殖和地球上幾乎所有地區人口的新增，他們逐漸消失。

然而，即使經過了這種個人的綜合，我還是感到困惑和有點累；所以，在阿佩洛斯人的建議下，我停頓了一下，放鬆一下。

我喝了一杯「阿佩洛斯製造」的飲料，它呈淺綠色和磷光外觀。在那之前，我從未喝過比這更令人愉悅和提神的飲料。當我說提神時，我的意思是在液體被吞下幾秒鐘後出現了一種效果。這是驚人的，因為我幾乎立即感到一種非常愉快的力量蔓延到我的身體，我的頭腦變得非常清晰和清醒。在我的熱情中，我覺得我可以連續看幾天而不感到疲倦。阿佩洛斯人微笑著告訴我，這確實是一種能使人恢復活力的飲料，它能提供強大的力量和集中力，由特殊植物組合而成，這些植物的營養價值通過某些技術過程被放大了數倍在細胞層面。當我已經感到不知所措，我請他回到觀看室，因為我已經迫不及待地想繼續講述地球上人類起源的驚人歷史。這名來自阿佩洛斯的男子表示同意，並補充說，他現在將要求全息投影設備提供一份新的摘要，以使概念更加清晰。

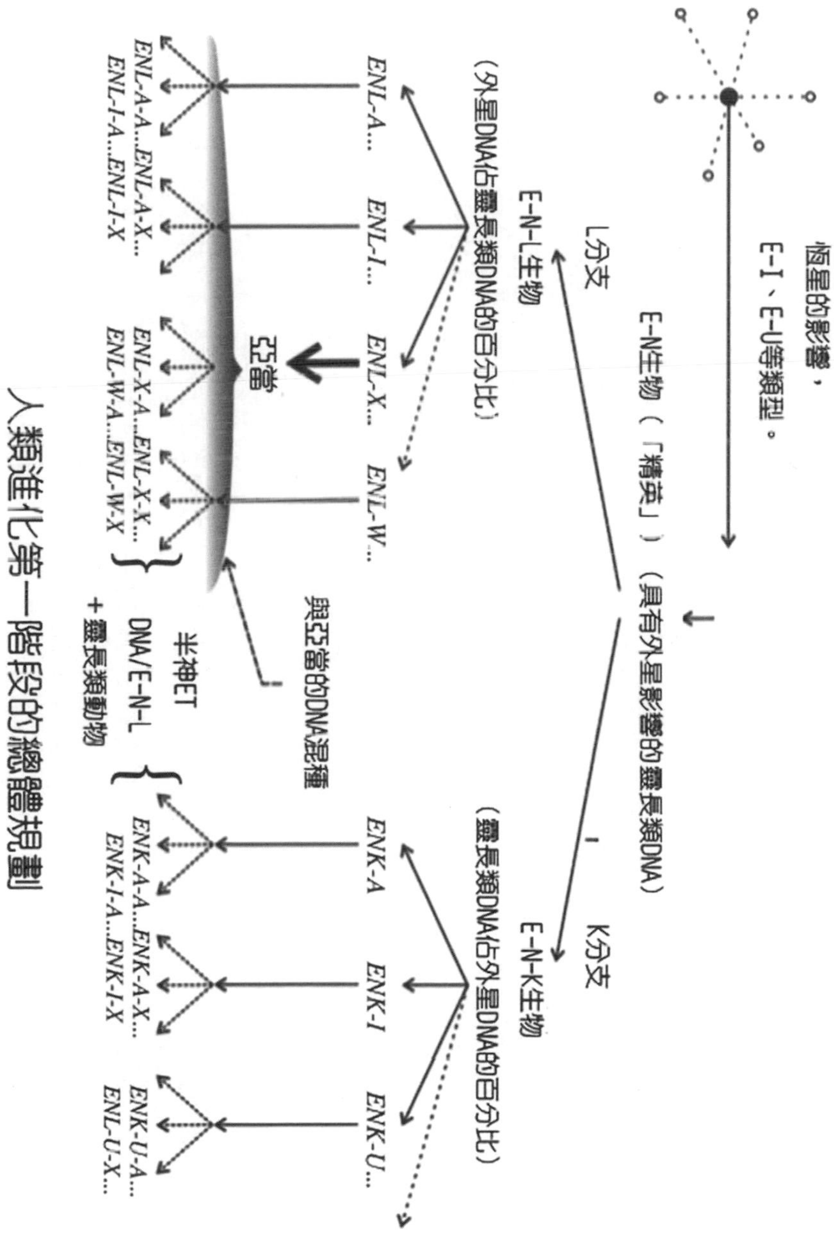
恆星的影響，
E-I、E-U等類型。
E-N生物（「精英」）（具有外星影響的靈長類DNA）
L分支
K分支
E-N-L生物
（外星DNA佔靈長類DNA的百分比）
E-N-K生物
（靈長類DNA佔外星DNA的百分比）
ENL-A...
ENL-I...
ENL-X...
ENL-W...
亞當
ENL-A-A...ENL-A-X...
ENL-I-A...ENL-I-X
ENL-X-A...ENL-X-X...
ENL-W-A...ENL-W-X
與亞當的DNA混種
半神ET
DNA/E-N-L
+靈長類動物
ENK-A
ENK-I
ENK-U...
ENK-A-A...ENK-A-X...
ENK-I-A...ENK-I-X
ENK-U-A...
ENL-U-X...
人類進化第一階段的總體規劃

基因組的「專門化」

在簡要介紹了人類進化的主要分支之後，我回到了最初的時期，詳細說明了一些細節。正如我所說，這一切都是在波斯灣北部開始和發展的，特別包括伊拉克地區，在較小程度上包括伊朗和沙烏地阿拉伯地區。主要是天狼星文明承擔了在我們銀河系中創造更多生命的「父母」角色——地球上的人類在這方面與其中的幾個國家合作，其中包括未來其他非常先進的文明，其中一個更重要的文明是大角星文明。

他們被認為是銀河系的「醫生」，因為他們在基因、生命和進化的精神發展領域擁有非凡的知識。

我在幾張照片中看到，大角星人在我們的銀河系中處理許多文明的和諧、幸福和精神健康的狀態，特別是那些處於進化早期的文明。知道了地球上基因工程的「主題」，我將在後面討論，他們提出人類ＤＮＡ的菌株必須承受非常高程度的基因組合的複雜性，並指出了實現這一目標所需的頻率，以便獲得生命大分子的這種非凡的多功能性。轉眼間，我看到了ＤＮＡ分子和人類的一些「設計」組合體，這些組合體由大角星、天狼星、昴宿星和其他兩個我不懂名字的文明組成。大角星人指出他們必須與銀河系中的主要文明連繫在一起，這樣基因工程就能產生一種地球ＤＮＡ，這種ＤＮＡ很容易與其他外星

DNA連繫在一起。

起初，用來描述地球上新生命的DNA被設計成有十二個「分支」，我看到了最初大分子的整個結構，它的複雜性是廣泛的。但是，隨著時間的推移，這些原始DNA的一些分支或「分支」被樹幹「解開」並個體化，而另一些則被「隱藏」，所有這一切的發生都是由於特定的外部作用以及我們星球在其存在的各個階段所存在的條件。

我們可以談談隨著時間的推移發生的幾個階段。起初，它是專門化的，所以DNA將包含和支持盡可能多的頻率。這是從地球上現存的靈長類動物中衍生出來的E－N基因。它們的DNA主要是受恆星對地球的影響而改變的。

我還看到，在某一時刻，這些靈長類動物中的一個脫離了它們自己的一個分支，它們的成員生活在海洋中，隨著時間的推移成為兩棲動物並在那種環境中進化。適應海洋的文明我們的海洋，因為那也是它們的自然環境。我注意到源自靈長類動物的兩棲動物特別受到生活在水下的昴宿星文明之一的引導。這是當代世界鮮為人知的方面。

對於地面的E－N基因，通過奈伯勞飛船和特內考及其研究團隊實現的基因的微妙能量干預，它逐漸發展並分裂為兩個主要分支：E－N－L和E－N－K。它們隨著時間的推移而發展，並通過多樣化，各自形成了分支機構。在亞當「出生」之後，E－N－L分支成為了一個專門的托兒所，為那些接受了幫助建立新種族的使命的外星生物「化身」，而E—N—K分支則成長得更慢，更自然，偶爾「注入」外星DNA，或與來自E—N—L分支的高等生物結合。

在E—N—L的某些子分支（衍生X、Y）上繼續進行專門化，事實上，「放大」性的必要性也出現了，以允許以這種形式出生的生物進行繁殖。然而，這種DNA在物質層面的強化或固定也意味著一種「打破」與微妙的上層層面的簡單聯繫，這些聯繫代表了與通過監控船上設備網絡支持他們的外星生物的聯繫。由此，新生命的DNA被「硬化」了一點，物理性質創造了快速繁殖的需要。

看到這些畫面，我有些不解，因為我認為，人類非但沒有進化，反而是因為主要以生育為導向的注意力而走上退化的道路，但我立即被來自阿佩洛斯的人糾正了。

「像你想的那樣談論『入侵』是不恰當的。它是實現某個目標所需要的『專業化』，即DNA結構的多樣性。如果你從街上聚集了上千人，幾乎每個人都有不同的關切：一個是電腦科學家，另一個是木匠，另一個是司機等等。你不能創造一千個人，所有人都一樣。那將毫無意義。你必須提供多種可能性，因為這是創造遊戲本身。如果我們打個比方，比如說，你們的石油有很多用途。首先，它是一個均勻的質量；然後根據所需的方向進行專門化：一部分被提煉成不同質量的幾種燃料，另一部分用於某些溶劑，另一部分用於某些油漆和染料，另一部分用於塑膠等等。因此，它是物理層面的必要條件，最初的因果能

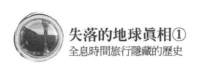

量在隨後的幾個方向上『專門化』。」

然而，我很困惑，這就是為什麼我問了以下問題。

「好吧；但是在人類進化的具體案例中，為什麼需要這種專門化？」

「許多星光層的靈魂都需要在物質層面投生到這裡。在幾萬年甚至幾十萬年的時間裡，這些『專業』或『分支』變得愈來愈清晰。

現在你們有蒙古人種、黑色人種、紅色人種、白色人種、黃色人種，甚至還有一些分支還沒有被你們的科學家妥善地理解。而且，創造多個文明的過程首先是一個自然過程，然後是一個人為的過程。這是銀河系的必然性，所涉及的外星文明並不支持存在的衰變，而是支持其『專門化』。」

「那麼，」我說，「為什麼從一開始就不是『專門化』呢？」

當這個來自阿佩洛斯的人把目光轉向螢幕時，我感覺到他在微妙的層面上與科技進行著精神上的互動。緊接著，出現了全息圖像，以一種合成拼貼的形式展示了創造新生命的第一階段；即E—N階段。然後對E—N—L和E—N—K分支進行了研究，並根據它們的物理特性進行了區分。在幾十萬年的時間裡，由於與E—N—K分支的多重組合，E—N—L分支以慢得多的速度沿著自己的進化路徑，在某種程度上，E—N—L分支已經「衰落」了。

在第一階段（以E－N－L和E－N－L－X為標誌），我們只看到天狼星外星生物參與其中。然後，以一種非常聰明和巧妙的方式，我看到，在亞當出現一段時間之後，在這個分支（E－N－L）中存在的數量和星光層中能夠投生到那些物質身體中的靈魂數量之間有一種平衡，因為他們已經足夠進化，可以接收和維持來自先進外星文明靈魂的進化意識。

接著我看到需要通過「專門化」來增加供奉在物質層面的生物的數量。那是天狼星向其他先進文明提議參與這一宏大項目，並開始「專門化」或將已經形成的DNA主要鏈的一個分支個人化的時候；也就是說，把它們的頻率加到人類DNA分子結構中固有的頻率上。這就是E－N－L－X子幀開始出現的方式，例如E－N－L－X－Y等等。同時，正如我所說，E－N－K分支以自然的速度進化，沒有「大量注入」外星DNA。

在這裡，審查停止了。我感謝來自阿佩洛斯的人，在他的邀請下，我重新開始了我特別感興趣的分支上的逐漸演變的線索。我第一次沒有成功，但我得到了幫助；然後，這些影像與我調查的時間大致吻合。

分支E—N—L及E—N—K不同的進化方向

隨著DNA的發展，E—N—L分支代表了靈長類與外星DNA的不同混種，允許外星生物的化身，而E—N—K分支的進化速度較慢，因為它主要是受E—N—L生物和在地球不同軌道上彼此跟隨的飛船所影響。換句話說，E—N—K生物生活在進化的E—N—L生物周圍，這對他們來說是一種有益的影響，而且，隨著時間的推移，甚至在DNA水準上也是如此。然而，E—N—K物質身體的遺傳資訊並沒有充分進化到允許更精細意識的體現，例如支持E—N—L分支的外星生物的靈魂。

然而，L分支（E—N—L）已經發展出接收這樣的靈魂的能力。這是以強烈而快速的光線的形式向我展示的，光線從大型球形飛船上射下來，進入一個E—N—L女性的身體。在很短的時間內，E—N—L生物的進化達到了很高的水平。

更讓我驚訝的是，我問阿佩洛斯的人，他正在仔細觀察我，為什麼這個農場沒有從進化的外星生物的靈魂中受益。他立刻回答。

「因為他們的身體，由於DNA的特殊結構，以一種粗糙的能量為特徵，那些外星靈魂不能在他們身上化身。不管你怎麼努力，你都不能將一個桶子擺進廚房的管道裡。宇宙中的每一個物體或存在都只與一些相似但並非全部的物體或存在相匹配。該定律也適用於這種情況。」

「分歧是因為這個原因引起的嗎？」我堅持說。

「很明顯。基本上，K分支的進化速度較慢，而L分支的進化速度較快，這是因為化身為他們身體的靈魂的意識振動水準較高。如果說E－N－L分支的演化發生在幾萬年內，那麼E－N－K分支的演化則歷時數十萬年。」

「好吧。那麼智人在哪裡呢？他是怎麼來的？它似乎不是來自E－N－L分支。」

「正如你所看到的，地球上基因變化和新生命進化的鏈條是複雜的，但仍然有一條指導線索。起初，用80％的天狼星DNA對靈長類動物的20％左右的DNA進行遺傳操作，創造出了連續幾代高度進化的生物。其中有一個你稱之為『亞當』的人，是地球上可能存在的最『完美』的DNA變體，一個真正的特殊存在，未來的E－N－L子框架由此發展而來。從這開始，很長一段時間以來，由於基因操縱，新生命的百分比新增了，因為這是天狼星想要的。然而，這顆行星的地表生物大多與地球有親緣關係，而不僅僅是外星生物。他們想獲得一個具有地球上大型靈長類動物基本結構但高度進化的生物。另一方面，與靈長類動物更接近、更適應地球生命的E－N－K生物，進化速度要慢得多。他們的身高比E－N－L小，但肌肉更強壯，結構更具活力。我們現在稱之為『智人』的文明是大多數E－N－K分支和E－N－L分支其餘部分之間的橋樑，或者說是它們之間的混種。現時，人類文明大多屬於E—N—K型。這是因為E—N—L生物已經退出了物理層面。你以後會看到這一點，並且您將理解為什麼會這樣。然而，近年來，由於銀河系事件開始在地球上變得愈來愈強大，E—N—L類型學的結構開始急劇增長。」

聽到這個消息，我的注意力更加集中，但還沒來得及問，阿佩洛斯的男人就讀懂了我的意思，開口了。

「大腦稍後會向你解釋的。」

我對這個訊息思考了一會兒。我明白，至少現在我找不到更多的東西了，所以我開始強調關於E—N—K和E—N—L之間細微差別的知識。

分支E—N—L和E—N—K演變的細微細節

我特別關心的是，那個時期E—N—L生物的進化水準非常高，甚至連記憶的塵埃都沒有留下。我想對它們的進化過程有一個全局的看法，我把注意力集中在螢幕上看到這樣一個總結。我發現這是處理過去40萬年來人類進化過程中存在的許多微妙之處和變化很好的方法。

一切都是一個極其先進的基因工程項目，基本上是訓練另一個種族的項目。起初，進化的外星靈魂可以投生在一些E—N—L身體中，這些身體已經為它做好了充分的準備。它是給予新種族進化的一種動力，以便它達到一個理想的發展階段，從這個階段開始，高度進化的生命的化身過程是穩定的。E—N—L（分支L）生物的身體已經進化，幾乎沒有靈長類特有的特徵，即使它們是從靈長類動物身上出生的。

正如我所說，E—N—L的身材高大，身體非常平衡且和諧；他們髮長而柔順，通常是銀白色的，眼睛大而呈杏仁狀。

在幾萬年的時間裡，它們的身體成為了進化的、甚至是高度進化的外星生物的非常好的容器，這些外星生物希望在那個時期投身到地球，幫助創造新人類的過程。

另一方面，E—N—K生物（分支K）進化不太快；但是相反，它們可以毫無問題地繁殖。這在某種程度上解釋了為什麼地球上的一些生物受益於非凡的科技，並高度進化，從事星際和宇宙旅行，而在地球的其他地區，其他人仍然雕刻石頭和狩獵，穿著動物的皮。直到亞特蘭提斯時期及其衰落之後，人類才變得更加「統一」，E－N－K分支才得以上升到更高的位置；但我將在介紹一些與亞特蘭提斯的存在和衰落有關的元素時談到這一點。

特內考的「繼承」，繼續推進地球上人類加速轉型的工程

一個有趣的事引起了我的注意，在將特內考的意識投射到我提到的那個複製人身上後，我並沒有看到特內考的身體，而是在幾千年前亞當出現之前的進化版本。相反，我注意到了他的特定頻率，由所示符號呈現，在許多其他生物中被發現，直到亞當出現的時候。

我對此感到驚訝，然後，來自阿佩洛斯的人告訴我，在完成了他在地球上的任務後——協調靈長類動物ＤＮＡ轉換的極其複雜的過程——特內考已經進化成乙太層中的一個生命，而他不需要擁有一個身體。因此，在亞當和他之後的人的ＤＮＡ中，我可以看到Ｔ和Ｅ－Ｎ符號，也可以看到六角形符號。

因此，特內考的基因被進一步傳播，這意味著他留下了「遺傳」，但不是通過肉體的耦合，而是通過金光，他的精神影響是隨著時間的推移在靈長類動物中確定的。後來，來自獵戶座的天狼星文明（特內考也是其中的一部分）作出了許多努力，使這種微妙的衝動永久化。

我蒙指示看到，特內考開創了「人類史詩」之後，在他在乙太層面上提升了生存水準之後，又有三個外星生物被天狼星聖賢（最初來自天狼星Ａ系統）成功地指定，繼續推進地球上人類加速轉型的工程。從我所看到的影像中，這些生物的結構使它們有了極其長的

生命，在特內卡之後大約有12000—13000年的時間。此後，發現E—N—L特異性DNA足夠強，能夠在不遺失初始基線資訊的情況下進行分支和結合。

第一個承擔繼續這個項目的任務是卡拉安，一個天狼星人，和特內考一樣來自獵戶座的腰帶。據我所知，他是他所在文明的高級軍事領導層的一部分，並與他當時在地球上密切合作的兩個昴宿星城市有著密切的連繫。

據他說，天狼星A系統中天狼星文明的智者決定，該項目將由一名叫納薩瑪的文明代表領導。他是一個非常溫和且睿智的人，專攻科學研究，但他不屬於軍事部門。我對他產生強烈的同情和自發的吸引力，因為他是個典範，他知道如何將人類DNA的繼續研究和基因工程的應用與長期組織和活動設計方面結合起來。

不幸的是，納薩瑪領導這項項目的時間很短，因為在靠近地球的某個星系區域的緊張局勢需要他更換，這似乎涉及到與另一名叫賈馬・艾爾的領導人發生了大規模武裝衝突。正如我們在所呈現的影像中所看到的，他在軍事等級中有著非常高的程度，因其戰略家的才能和外交知識而受到認可和尊重。他是一個堅強的人，來自天狼星文明，但我無法確定他來自哪個星系或星座。賈馬・艾爾也證明了他是一個非常實際的人，因為從我看到的照片中，我意識到他是正確地完成了在近地球附近的飛船上委託給他的任務：進行人類DNA轉化工程；但與此同時，他動用了地球上的某些資源，建造了大量的中小型戰艦。

這些圖像向我展示了他是如何在整個北非和東非創建小型城市中心的。這些就像半圓形的小城鎮，在那裡，人類的DNA被提取出來，並對這些樣本進行基因工程。

我注意到的一個有趣的方面是，跟隨特內考的的個項目負責人不知道為什麼天狼星智者理事會希望人類在地球上進化。然而，眾所周知，天狼星人沒有錯，他們與地球有永久的連繫。我們銀河系的天體統治者，三位偉大領袖接受了繼續執行特內考發起的工作的使命，意識到這是一個非常重要的宇宙層面的計劃。他們接受了最初被賦予他們的使命作為一種精神使命。

正如我所說，賈馬·艾爾不僅承擔了人類進化計劃的延續，而且還開發了非常高效的戰艦建造業。他從我們星球的土壤中提取了多種礦石，重點是金和鈦，尤其是石英晶體，這些晶體後來被加工並集成到這些船舶的建造中。

賈馬·艾爾還是當時在地球附近軌道上的宇宙飛船的指揮官，也是最高級別的軍事領導人，這一點在今天可以與海軍上將或陸軍元帥連繫起來。從這些圖片中提供的摘要中，我看到了一張簡單的圖表，描繪了我們的太陽、天狼星A和建造的船隻離開的方向。它的方向大約在連接線的右側300兩顆恆星，之後它們可能穿過了一個時空漩渦，因為它們的方向突然向天狼星A傾斜了大約16度，然後又向最終目標傾斜了90度。根據這些表述中作為標準的天文距離，我估計衝突區域距離地球約6000光年。

人類DNA的複雜性，進化並非一個線性的過程

基因及其混種的「遊戲」，以及在自然法則允許的範圍內將不同類型的DNA和基因操作結合起來的「遊戲」，是一個相對漫長和非常複雜的過程。正如我所見，通過重複來穩定DNA的變化已經進行了很長時間。因此在地球上，有些基因不是永續的，被拒斥後，它們被「分佈」到其他可以支援它們的星球上。其他基因繼續自然發展，還有另一些基因以各種方式結合在一起。

30萬年來，新人類基因進化的積極而細緻的過程，使其DNA變得非常複雜。從呈現給我的東西中，我了解到，DNA的結構愈簡單、愈均勻，就愈容易退化，因為它缺乏複雜組合所需的生命能量。

然而，導致目前人類DNA複雜性的進化，並不是一個線性過程，而是一個不連續的過程。從地球的一個地區到另一個地區的遺傳差異非常大。例如，我們看到了現代非洲的一些地區，那裡生活著原始人，雕刻著矛頭，但也有擁有驚人科技的人口，漂浮著的船隻和非常精緻的建築，生活在南半球太平洋的大片土地上。然而，也有一些「過渡」地區的人民已經達到了某種水平的幸福和高質量的生活水準。

然而，根據30多萬年前建立的　項不干涉條約，地球上的這些不同地區並不支持貿易

或其他交流，因為它們構成了每個對新人類項目感興趣的外星文明的實驗場。似乎在各自領土上的領土獨立和單方面行動的決定得到了非常嚴格的尊重，因為沒有人被允許干預另一方的「花園」。地球不同地區的居民之間缺乏連繫，導致了某種程度的孤立，因為他們需要以「專門化」的管道發展和進化，以適應地球上該領土或地區所處的外星文明所經歷的遺傳影響分配。

正如我所說，這裡不應理解為「實驗」一詞及有關奴役或壓迫人口。與奴隸制或壓迫人口有任何關係。我沒看到那樣的事發生。這裡使用的術語「實驗」、「實驗室」或「苗圃」是指一個現實，這個現實即我在圖片中依次看到關於人類是如何出現和進化的。

然而，確實，隨著時間的推移，一些外星文明發展出了一種戰士的本性，並以某種方式試圖壓迫地球上的居民，或至少壓迫其中一些人。據我所見，只有一些種族受到邪惡爬行動物種族的影響，並表現出這種行為；還有其他四種低劣的文明受到他們的歡迎，但即使是這些表現也發生在相對狹窄的領土和人口數量減少的地區上，例如在非洲和現代大洋洲的地區，當時那裡有一個較大的大陸區域，未被分割，也沒有那麼多島嶼。

即使在同一個遺傳分支（E—N—L或E—N—K）中，進化過程也會隨著時間的推移而發生變化。進化不是線性的，但在不同的時期，它記錄了起起伏伏，這取決於地理和氣候背景、外星文明的貢獻，甚至是人類DNA進化分支的成員所做的選擇。

E—N—L 生物的進化跳躍

E—N—L文明緊隨其後，只有很少有超過1萬5千年的歷史。如我們所見，持續時間最長的是姆文明（約4萬年）和許珀耳玻瑞亞文明（約3萬5千年），在這兩個文明中，通過混種繁殖，對E—N—K人來說，實現了一次重要的精神飛躍。亞特蘭提斯的文明（大約2萬5千年）已經發展了相當多，它遵循了一系列其他的E—N—L文明。

最後，每個基因在一個（存在的）平面中「耗盡」其活躍表現的時間，因為它有自然的進化趨勢，但不是像以前那樣橫向地進化，不是通過延伸和變異，而特別是縱向地進化。也就是說，它記錄了一個重要的質的飛躍，進入一個更高的創造維度。一般來說，當所討論的基因已經達到一個高水準的成熟度和複雜性，這就會使得它能夠吸收一個高於物理層面的維度（例如乙太層面）的高能量頻率。

從人類的觀點來看，這是E—N—L生命的情況，由於他們可以很容易地將自己的DNA與其他類型的DNA結合起來，隨著時間的推移，他們已經足夠精煉，以至於他們非常接近從物理層面「撤退」的門檻，以便只停留在乙太層。

我們不是在談論物種或DNA的「滅絕」，因為資源基礎是巨大的，因為它的複雜性和驚人的可能性已經隨著時間的推移發展。然而，我們正在談論在基因組水準上的一種特殊的改進，使得大多數Ｅ－Ｎ－Ｌ生命的振動的一般頻率與乙太層的振動的一般頻率共振得更多，這使得這些人類逐漸從物理層面消失，選擇留在微妙的乙太層面。事實上，投生在Ｅ－Ｎ－Ｌ物理體中的高度進化的外星生物開始留在乙太層面甚至乙太層面之上，而大多數Ｅ－Ｎ－Ｋ生物則留在我們星球的物理層面上。它就像一個「分離」，將兩個相鄰的層面（物理層面和乙太層面）分開，但這些事件的戲劇性性質在亞特蘭提斯淪陷後達到了最高水平。

自然地，Ｅ－Ｎ－Ｌ分支的撤退——香巴拉在大約２７５００年前撤退到乙太層面——這是一個跡象——並不是突然發生的，而是在相對較長的數千年時間裡逐漸發生。而且，這並不意味著地球上所有的Ｅ－Ｎ－Ｌ生命都消失了，因為這些生命的小家族，還沒有達到適當的水準去移動到乙太層，繼續留在物質層，充當傳播高度神秘學的虛擬「中間人」。在這些人中，我注意到他們尤其是法老、大祭司或聖人，他們周圍形成了一小群Ｅ－Ｎ－Ｋ生物，比其他人稍微進化一些，從而形成了「學校」或只是精神復興的潮流。我對人類轉化的那個神秘領域很感興趣，因為我發現人類的命運是非常複雜和有趣的，我們現在間接地共享了這個命運。我看到了亞特蘭提斯的解體是Ｅ－Ｎ－Ｌ基因及其多種衍生物在物理層面上進化階段的最終出發點，因為它已經到了它存在時期的終點。在大約35萬年的時間裡，Ｅ－Ｎ－Ｌ分支用盡了盡可能多的變體或子幀。亞特蘭提斯沉沒後，剩下的L分支（E—N—L生物）在地球上向不同方向進化，一些群體變得比其他群體更發達。他們創造了特定的基地，與從最初群體進化而來的外星生物相連。

然而，溝通不再是直接的，因為地球物理層的頻率已經大大降低，它和乙太層的頻率不再「相容」。結果，已經撤退到乙太層的E—N—L生命，不再實際生活在地球表面，但他們不時地從乙太層「下降」到物理層，以維持與仍在物理層的少數E—N—L生命的連繫。正如我所說，每個基因都有一定的「資源」，當被消耗時，就會導致該基因「衰老」，或者相反地，使其恢復、更新和活力，但總是朝著進化的方向發展。

在物理層面上尤其如此。從某種意義上說，基因從進化場景中退出，就像紙幣從金融市場中退出一樣。取而代之的是較新的、不那麼破舊的紙幣。

這個非常睿智的總結是在全息螢幕上的影像中呈現給我的，它甚至澄清了人類及其分支進化的某些細微部分，例如DNA轉化過程中從一個階段過渡到另一個階段不同性質的影響，甚至是對另一種生存狀態的改變，如同E—N—L分支的情況一樣。

E—N—K的最高分支

從地球進化的角度來看，E—N—L分支被重新吸收的問題是，這些生物隨著時間的推移所取得的一切，總而言之，都必須被E—N—K分支所接受，而E—N—K分支又向多個方向多樣化。在這種知識的「遺產轉移」中，也包括在E—N—L眾生中達到高度精煉的靈性知識。這就是為什麼一些留在物質層的E—N—L生物，以及一些進化程度更高的E—N—K生物，得到了來自外星生物的直接「諮詢」的支持，這些外星生物是參與人類創造和進化過程的某些先進文明的一部分。重要的是，至少有一些寶貴的知識和經驗，這些知識和經驗是E—N—L生物在生活在許多文明中積累的，這些文明出現後又消失了——將為後代保存。有一段時間，外星生物的「幫助」直接體現在他們甚至在人類之間：解釋、詳述和展示需要理解和記憶的東西。然而，這些教導並不是給予任何人，而是給予地球上少數的E—N—L生物或更進化的E—N—K生物。在大多數情況下，他們是或會成為領導者，將他們直接從與他們有連繫的外星人那裡獲得的知識的一小部分傳播給大眾。動機很明顯：大多數 E—N—K生物沒有足夠高的意識水平來正確理解這些教義。因此，隨著時間的推移，一些精英社會類別已經分化：偉大的領導人（如法老，國王或皇帝）；牧師（具有重要的啟蒙作用，進一步傳播將「秘密科學」傳播給受過訓練的人）；隱士，先知或聖徒（這是一個特殊的類別，受到先進的外星生物的讚賞）。事實上，在那個時期，大約西元前2萬5千年，E－N－K分支在進化計畫中有了第一個真正重要的「開始」，從而接管了E－N－L生物的一部分「繼承」。

同樣的事情也發生在導致亞特蘭提斯沉沒的大災難中。一些亞特蘭提斯學者知道會發生什麼。也就是說，他們知道這片偉大的大陸將會沉沒，所以他們希望遺跡、知識以及他們的大部分文化和科學能夠留給子孫後代。這首先是他們作出的決定，是一種完全無私的行為，有利於未來的人類。為了實現這一目標，他們希望把觸角擴展到中美洲地區，特別是今天所謂的墨西哥和瓜地馬拉，然後擴大到北非的埃及，歐洲北部的冰島地區，甚至進一步擴大到該大陸的東部。他們知識的「種子」必須傳播到地球上的許多地方，以確保遺產不會永遠消失。在一段時間內，所有三種主要類型的生命都生活在這樣的精神中心：E－N－L生命、較進化的E－N－K生命和某些外星生命，但他們後來分開了，每個種族都遵循自己的進化道路。

在地球上開始建立此類中心，以及神秘科學的神秘學派和高度哲學化思想體系的每個地方，重點都是保存E－N－L生命的古老知識並進一步發展這樣的教義。與這些倡議同時，偉大的「銀河中繼站」金字塔也開始建造，並決定除了作為「銀河溝通者」的神聖角色之外，它們還將支持某種精神發展路線。因此，當亞特蘭提斯沉沒時，地球上已經有許多這樣強大的精神中心，當中有精神進化的生物，但也有大量進化程度較低的E—N—K生物。

我將更廣泛地按時間順序呈現人類進化的一些主要時刻，正如它們在全息影像中呈現給我一樣，指出了它們的主要特徵，但也指出了迄今為止傳播的解釋錯誤，甚至故意隱瞞了重要事件，這些都是在整個人類歷史上充當真正「標誌性的石頭」的事件。

國家圖書館出版品預行編目（CIP）資料

失落的地球真相. 1, 被掩蓋的人類演化史 /
拉杜.錫納馬爾(Radu Cinamar)著 ; 珊朵拉譯.
-- 初版. -- 新北市：大喜文化, 2021.10
面；　公分. --（星際傳訊）
譯自 : Forgotten genesis.
ISBN 978-986-99109-8-9（平裝）

1.人類演化 2.基因組 3.文明史

391.6　　110014156

星際傳訊 STU11004

失落的地球眞相①：全息時間旅行隱藏的歷史

作　　者：拉杜·錫納馬爾 Radu Cinama
編　　者：彼德·沐恩 Peter Moon
譯　　者：珊朵拉
出 版 者：大喜文化有限公司
發 行 人：梁崇明
登 記 證：行政院新聞局局版台省業字第 244 號
P.O.BOX：中和市郵政第 2-193 號信箱
發 行 處：23556 新北市中和區板南路 498 號 7 樓之 2
電　　話：02-2223-1391
傳　　真：02-2223-1077
E-Mail：joy131499@gmail.com
銀行匯款：銀行代號：050，帳號：002-120-348-27
　　　　　臺灣企銀，帳戶：大喜文化有限公司
劃撥帳號：5023-2915，帳戶：大喜文化有限公司
總經銷商：聯合發行股份有限公司
地　　址：231 新北市新店區寶橋路 235 巷 6 弄 6 號 2 樓
電　　話：02-2917-8022
傳　　真：02-2915-7212
初　　版：西元 2021 年 10 月
流 通 費：新台幣 360 元
網　　址：www.facebook.com/joy131499
ISBN：978-986-99109-8-9